中1理科を
ひとつひとつわかりやすく。
［改訂版］

JN046940

Gakken

☺ みなさんへ

「ものはどうして見えるの？」「地震ってどうして起こるの？」

理科はこのような身近なナゾを解き明かしていく，とても面白い教科です。中学1年の理科では，生物の分類，気体や金属などの物質，音や光の現象，大地のはたらきなど，とくに身近な現象をテーマに，理科的な見方や考え方を実験や観察を通して学習します。

理科の学習は用語を覚えることも大切ですが，単なる暗記教科ではありません。

この本では，文章をなるべく読みやすい量でおさめ，特に大切なところをみやすいイラストでまとめています。ぜひ用語とイラストをセットにして，現象をイメージしながら読んでください。

みなさんがこの本で理科の知識や考え方を身につけ，「理科っておもしろいな」「もっと知りたいな」と思ってもらえれば，とてもうれしいです。

☺ この本の使い方

1回15分、読む→解く→わかる！

1回分の学習は2ページです。毎日少しずつ学習を進めましょう。

左ページが解説です。

書き込み式の練習問題です。

解答・解説

まちがえやすい部分や学習のコツがのっています。

さらにくわしい内容がのっています。

答え合わせも簡単・わかりやすい！

解答は本体に軽くのりづけしてあるので，引っぱって取り外してください。

問題とセットで答えが印刷してあるので，簡単に答え合わせできます。

復習テストで、テストの点数アップ！

各分野のあとに，これまで学習した内容を確認するための「復習テスト」があります。

学習のスケジュールも，ひとつひとつチャレンジ！

まずは次回の学習予定日を決めて記入しよう！

最初から計画を細かく立てようとしすぎると，計画を立てることがつらくなってしまいます。
まずは，次回の学習予定日を決めて記入してみましょう。

1日の学習が終わったら，もくじページにシールを貼りましょう。
どこまで進んだかがわかりやすくなるだけでなく，「ここまでやった」という頑張りが見えることで自信がつきます。

カレンダーや手帳で，さらに先の学習計画を立ててみよう！

スケジュールシールは多めに入っています。カレンダーや自分の手帳にシールを貼りながら，まずは1週間ずつ学習計画を立ててみましょう。
あらかじめ定期テストの日程を確認しておくと，直前に慌てることなく学習でき，苦手分野の対策に集中できますよ。

計画通りにいかないときは……？

計画通りにいかないことがあるのは当たり前。
学習計画を立てるときに，細かすぎず「大まかに立てる」のと「予定の無い予備日をつくっておく」のがおすすめです。
できるところからひとつひとつ，頑張りましょう。

もくじ 中1理科

:） 次回の学習日を決めて，書き込もう。
1回の学習が終わったら，巻頭のシールを貼ろう。

わかる君を探してみよう！

この本にはちょっと変わったわかる君が全部で5つかくれています。学習を進めながら探してみてくださいね。

色や大きさは，上の絵とちがうことがあるよ！

01 「分類する」ってどういうこと？

　地球上で発見された生物は，およそ190万種類。これを全部覚えようとすると大変ですね。でも，そんなとき便利なのが，**分類**です。分類は，ちがいや共通点を見つけてグループにわけ，整理することです。

　生物は，生活場所，体のようす，動き方などに特徴があります。どんな特徴に注目してグループわけするかによって，グループも変わってきます。

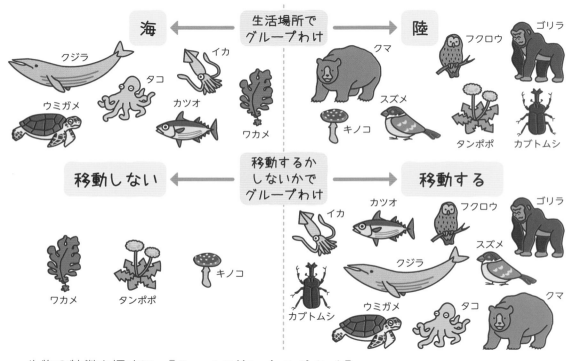

　生物の特徴を探すには，よく観察しなければなりません。特に，小さな生き物を観察するときは，ルーペがあると便利です。

【ルーペの使い方のポイント】

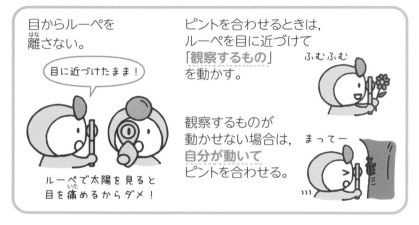

目からルーペを離さない。

目に近づけたまま！

ルーペで太陽を見ると目を痛めるからダメ！

ピントを合わせるときは，ルーペを目に近づけて「観察するもの」を動かす。

ふむふむ

観察するものが動かせない場合は，**自分が動いて**ピントを合わせる。

まってー

1 次の問題に答えましょう。

(1) いろいろな動物の動き方に注目して，下の3つのグループに分類しました。
A〜Cの基準は何ですか。下の**ア**〜**エ**から選びましょう。

A [　　　　　　　]　　B [　　　　　　　]　　C [　　　　　　　]

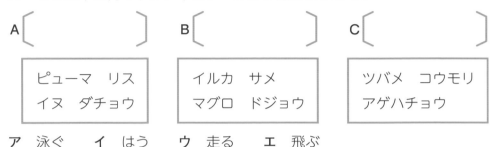

| ピューマ　リス
イヌ　ダチョウ | イルカ　サメ
マグロ　ドジョウ | ツバメ　コウモリ
アゲハチョウ |

ア 泳ぐ　　**イ** はう　　**ウ** 走る　　**エ** 飛ぶ

(2) 手に持った植物の葉を観察するとき，ルーペの使い方として正しいのはどれですか。

[　　　　　　　]

ア ルーペを葉に近づけ，顔だけを前後に動かす。

イ ルーペを葉に近づけたまま，ルーペと葉をいっしょに前後に動かす。

ウ ルーペを目に近づけ，葉だけを前後に動かす。

エ ルーペを目に近づけたまま，顔とルーペを，いっしょに前後に動かす。

(2)ルーペの使い方は，よく出る問題。動かせるものも動かせないものも「ルーペはいつも目から離さず」と覚えておこう。

もっとくわしく

よいスケッチのポイントは？

● 観察した物だけをかく。

● 細い線と点で，ハッキリかく。

● 日にちや場所，天気，気づいたことも
　忘れずに。

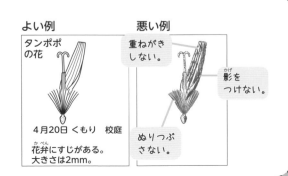

よい例

タンポポ
の花

4月20日 くもり　校庭
花弁にすじがある。
大きさは2mm。

悪い例

重ねがき
しない。

影を
つけない。

ぬりつぶ
さない。

02 顕微鏡の使い方

何もいないような池や川の透明な水の中にも，小さな生物がたくさんいます。ルーペでも見えないような小さなものを見るときは，**顕微鏡**を使います。

顕微鏡には，ステージ上下式顕微鏡と鏡筒上下式顕微鏡がありますが，使い方は同じです。また，観察物を立体的に観察できる**双眼実体顕微鏡**もあります。

【顕微鏡の使い方】

❶ 顕微鏡の準備

直射日光が当たらないところに置く。対物レンズをいちばん低倍率にする。

❷ 明るさを調節

接眼レンズをのぞきながら，反射鏡としぼりを動かして明るくする。

❸ プレパラートを近づける

プレパラートをステージにのせ，横から見ながら調節ねじを回して対物レンズに近づける。

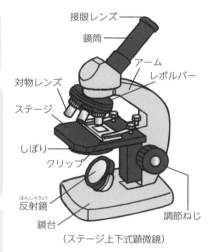

接眼レンズ
鏡筒
アーム
レボルバー
対物レンズ
ステージ
しぼり
クリップ
反射鏡
鏡台
調節ねじ

（ステージ上下式顕微鏡）

❹ ピントを合わせる

接眼レンズをのぞきながら，❸と逆向きに調節ねじを回してプレパラートと対物レンズを離していき，ピントを合わせる。

❺ 高倍率にして，しぼりを調節

レボルバーを回して対物レンズを高倍率にする。高倍率にすると視野がせまく暗くなるので，見やすいようにしぼりで調節する。

【双眼実体顕微鏡の使い方】

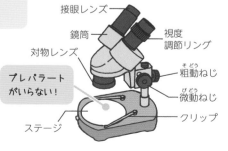

接眼レンズ
鏡筒
視度調節リング
対物レンズ
粗動ねじ
微動ねじ
クリップ
ステージ

プレパラートがいらない！

❶ 接眼レンズを目の幅に合わせる。

❷ 粗動ねじで鏡筒を上下させ，右目で見ながら微動ねじを回してピントを合わせる。

❸ 左側の，視度調節リングを回してピントを調節する。

1 次の問題に答えましょう。

(1) 〔　　〕にあてはまる顕微鏡の各部分の名称(めいしょう)を書きましょう。

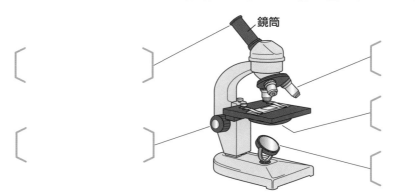

鏡筒

〔　　　〕 〔　　　〕

〔　　　〕 〔　　　〕

〔　　　〕

(2) 次の顕微鏡の操作を，正しい順に記号で並べましょう。

〔　　　→　　　→　　　→　　　〕

ア　横から見ながら，対物レンズとプレパラートを近づける。
イ　対物レンズを高倍率のものにかえる。
ウ　対物レンズとプレパラートを遠ざけながらピントを合わせる。
エ　視野全体が明るくなるように，反射鏡としぼりを調節する。

😀💡ポイント 顕微鏡の操作のポイントは，対物レンズとプレパラートを近づけてから遠ざけること！
近づけるときは，レンズがぶつからないように，横から見ていることにも注意。

もっと💡くわしく

プレパラートをつくるときのポイントは？

　顕微鏡で観察するときに必要なものがプレパラートです。水を落としたあと，空気の泡(あわ)が入ると見にくいので，泡が入らないように，カバーガラスはななめにして静かに下ろします。

　観察物がはっきり見えるように，正しくつくって観察しましょう！

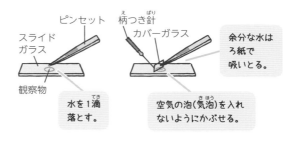

ピンセット
スライドガラス
観察物
水を1滴(てき)落とす。

柄(え)つき針(ばり)
カバーガラス
余分な水はろ紙で吸いとる。
空気の泡(気泡(きほう))を入れないようにかぶせる。

03 （花のつくり） 花の中はどうなっているの？

　サクラやタンポポ，アサガオなど，花にはいろいろな形がありますね。でも，どの花も，外側から，**がく**，**花弁**（花びらのこと），**おしべ**，**めしべ**の順に並んでいるのは同じです。

　めしべの根もとには，将来種子になる**胚珠**が入った**子房**とよばれる部分があります。おしべの先には，花粉が入った**やく**がついています。

【アブラナの花のつくり】

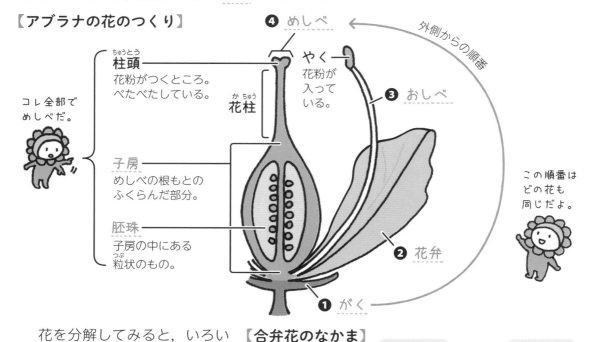

❹ めしべ

柱頭
花粉がつくところ。べたべたしている。

花柱

やく
花粉が入っている。

❸ おしべ

コレ全部でめしべだ。

子房
めしべの根もとのふくらんだ部分。

胚珠
子房の中にある粒状のもの。

❷ 花弁

❶ がく

外側からの順番

この順番はどの花も同じだよ。

　花を分解してみると，いろいろなことがわかります。ふつう1つの花にめしべは1本です。でも，おしべや花弁の数は花によってばらばらです。

　ツツジやアサガオのように，花弁がたがいにくっついている花を**合弁花**，アブラナやサクラ，バラのように1枚1枚離れている花を**離弁花**といいます。

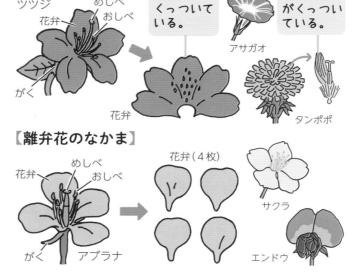

【合弁花のなかま】

ツツジ
花弁　めしべ　おしべ　がく

根もとでくっついている。

5枚の花弁がくっついている。

アサガオ

花弁

タンポポ

【離弁花のなかま】

花弁　めしべ　おしべ　がく　アブラナ

花弁（4枚）

サクラ

エンドウ

基 本 練 習

→ 答えは別冊2ページ

1 図はアブラナの花の断面のようすです。〔　　　　〕にあてはまる語句を書きましょう。

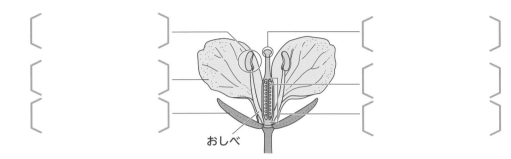

おしべ

2 次の問題に答えましょう。

(1) 花のつくりを外側から順に書きましょう。

(2) 次のA，Bの〔　　〕にあてはまる語句を書きましょう。

A：花弁が1枚1枚離れている花を〔　　　　　　　〕という。

B：花弁がたがいにくっついている花を〔　　　　　　　〕という。

(3) (2)のA，Bのなかまにあてはまる植物をそれぞれ下の中からすべて選び，〔　　〕に書きましょう。

A：〔　　　　　　　　　　　　　　　　　　　　　　　　　〕

B：〔　　　　　　　　　　　　　　　　　　　　　　　　　〕

> ヒマワリ　エンドウ　ツツジ　サクラ
> タンポポ　アブラナ　アサガオ　バラ

😊 **ミス注意** 合弁花のタンポポやヒマワリは花弁がたくさん集まった離弁花に見えるが，その1つ1つが「花」になっている。1つの小さな「花」にはおしべやめしべ，くっついた花弁がある。

04 種子は何からできる？

花は何のためにさくのでしょうか。それはもちろん，子孫を残すためです。子孫のもとは種子です。おしべのやくから出た**花粉**がめしべの柱頭につくと，果実や種子ができるのです。花粉が柱頭につくことを**受粉**といいます。

受粉すると，めしべのふくらんだ**子房**の部分は果実へと成長し，子房の中の**胚珠**は種子になります。その関係を整理しておきましょう。

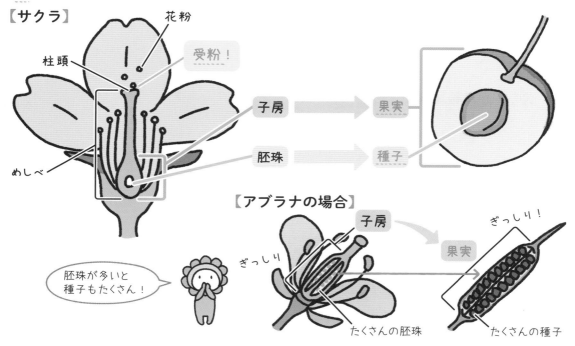

【サクラ】

花粉・柱頭・受粉！・子房→果実・胚珠→種子・めしべ

【アブラナの場合】

胚珠が多いと種子もたくさん！

子房→果実・ぎっしり・たくさんの胚珠・たくさんの種子・ぎっしり！

種子をつくる植物を種子植物といいます。種子は果実ごと動物たちに食べられたり，運ばれたりします。また，風や水に流されたりして，種子はあちこちに広がっていきます。

こうして運ばれた種子は，やがて地面から発芽し，次の世代の植物となってふえていきます。

【種子の運ばれ方】

食べられる・うめられる・カキ・ハナミズキの実・クヌギのドングリ・くっついている・飛ばされる・ヤシの実・オナモミ・カエデの種子・流される

1 次の問題に答えましょう。

(1) 〔　　〕にあてはまる語句を書きましょう。

・おしべのやくから出た〔　　　　　　　　〕が，

めしべの〔　　　　　　　〕につくことを〔　　　　　　　〕という。

・受粉すると，子房は成長して〔　　　　　　　〕になり，

胚珠はア〔　　　　　　　〕になる。アをつくる植物を

〔　　　　　　　〕という。

(2) 次のエンドウの図のア，イをそれぞれ何といいますか。

ア〔　　　　　　　　　〕　　イ〔　　　　　　　　　〕

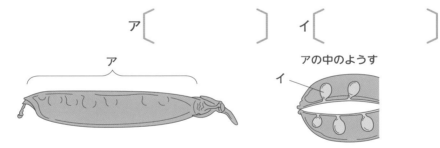

ア

アの中のようす

イ

ミス注意　エンドウやアブラナなどは子房の中に胚珠が多数あり，種子も多数できる。エンドウのアの
さやの部分全体を種子とまちがえないようにしよう。

もっとくわしく

花粉はどうやってめしべにたどりつくの？

　花には花粉の運ばれ方によって，風で運ばれる**風媒花**，虫に運ばれる**虫媒花**などがあります。スギやマツなどの風媒花の花粉は，風に飛ばされやすいように軽く，ユリやヘチマなどの虫媒花の花粉は，虫につきやすいようにベタベタしています。

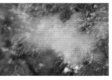

風で飛んでいく
スギの花粉

訪れたミツバチのからだについて運ばれる

実ができない植物もあるの？

マツの花を見たことはありますか？　マツやスギには同じ木に雄花と雌花があって，雄花には花粉が，雌花には胚珠がちゃんとあります。

雄花のりん片には花粉が入った**花粉のう**があります。雌花に子房はなく，りん片にむき出しの胚珠が2つついています。花粉は胚珠に直接ついて受粉し，種子ができます。まつかさは，マツの種子が集まったものです。

【マツの花のつくり】

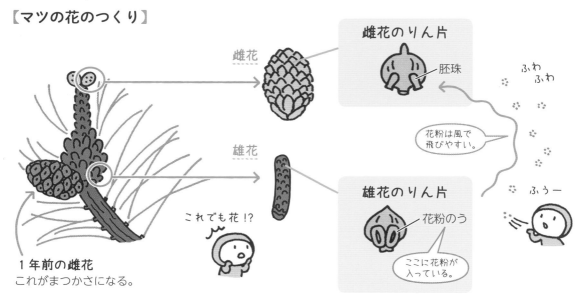

雌花

雌花のりん片

胚珠

花粉は風で
飛びやすい。

ふわ
ふわ

ふうー

雄花

雄花のりん片

花粉のう

これでも花!?

ここに花粉が
入っている。

1年前の雌花
これがまつかさになる。

マツやスギ，イチョウなど，胚珠がむき出しになっている植物を**裸子植物**，アブラナやサクラのように胚珠が子房の中にある植物を**被子植物**といいます。
　どちらも花がさいて種子をつくる**種子植物**です。

種子植物

被子植物

子房がある

→果実ができる！

子房が胚珠（子）を
被っているから，
「被子」

サクラ　　エンドウ

タンポポ　　ユリ

裸子植物

子房がない

→果実ができない！

胚珠（子）がむき
出しの裸だから，
「裸子」

マツ　　スギ

イチョウ　　ソテツ

基本練習

→ 答えは別冊3ページ

1 次の問題に答えましょう。

(1) 〔　　〕にあてはまる語句を書きましょう。

種子植物には，マツのような子房のない〔　　　　　　　〕植物と，

サクラのような子房がある〔　　　　　　　〕植物がある。

(2) 〔　　〕の中の，正しい方を，〇で囲みましょう。

裸子植物の胚珠は〔　子房の中に・むき出しで　〕ついている。花粉は

〔　雄花・雌花　〕の〔　やく・花粉のう　〕に入っている。

2 図は，マツの雄花と雌花のようすを表しています。
次の問題に答えましょう。

図1

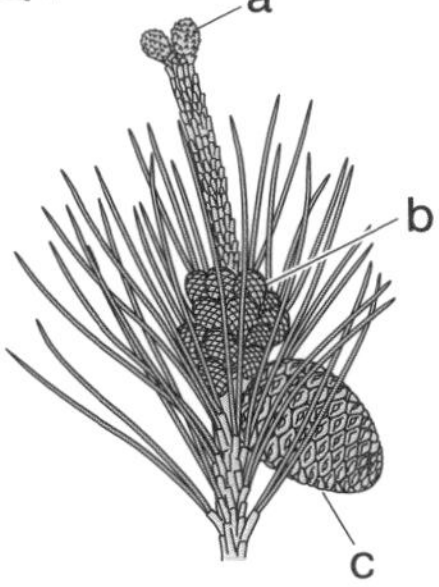

図2

(1) 雄花は，図1のa〜cのどれですか。

〔　　　　　　〕

(2) 1年前の雌花は，図1のa〜cのどれですか。

〔　　　　　　〕

(3) 雌花のりん片は，図2のd，eのどちらですか。

〔　　　　　〕

(4) 花粉のうは，X，Yのどちらですか。

〔　　　　　〕

(5) マツのなかまの裸子植物を，下からすべて選び，書きましょう。

〔　　　　　　　　　　　　　　　　　　　　　　　　　　　　　〕

エンドウ　イチョウ　スギ　タンポポ　ツツジ

 ミス注意　「花粉のう」の「のう」は袋という意味。花粉は，被子植物ではやくの中，裸子植物では花粉のうの中と，入っている部分の名称がちがうので注意。

06 葉や根のようすでも分類できるの？

　トウモロコシとヒマワリの芽生えのちがいって何でしょう。それは子葉の数です。トウモロコシは1枚，ヒマワリは2枚です。被子植物の中で子葉が1枚の植物を**単子葉類**，2枚の植物を**双子葉類**といいます。「単」が1，「双」が2という意味ですね。

　単子葉類と双子葉類では，子葉のほかにもちがいがあります。葉のすじを**葉脈**といいますが，単子葉類の葉脈は平行に並び（**平行脈**といいます），双子葉類の葉脈は網の目のようになっています（**網状脈**といいます）。また，単子葉類の根は**ひげ根**，双子葉類の根は，**主根**と**側根**になっています。

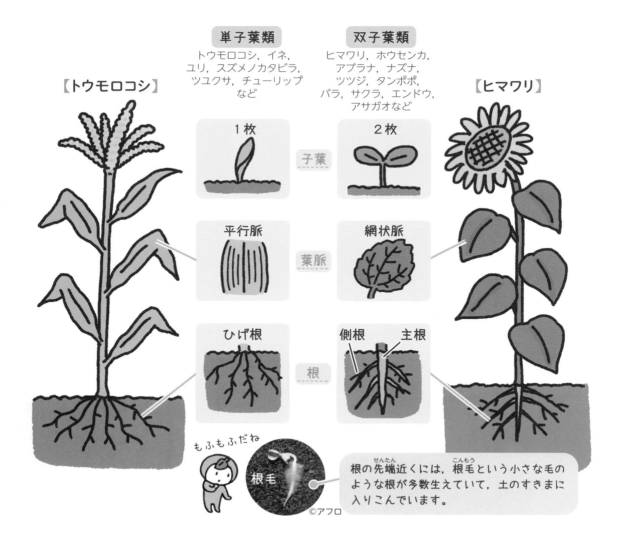

単子葉類
トウモロコシ，イネ，ユリ，スズメノカタビラ，ツユクサ，チューリップなど

双子葉類
ヒマワリ，ホウセンカ，アブラナ，ナズナ，ツツジ，タンポポ，バラ，サクラ，エンドウ，アサガオなど

【トウモロコシ】　【ヒマワリ】

子葉　1枚　2枚

葉脈　平行脈　網状脈

根　ひげ根　側根　主根

もふもふだね　根毛

根の先端近くには，**根毛**という小さな毛のような根が多数生えていて，土のすきまに入りこんでいます。

©アフロ

1 次の表のように，被子植物を2つのなかまにわけました。〔　　〕にあてはまる語句を書きましょう。

分類名	〔　　　　　　　　　〕類	〔　　　　　　　　　〕類
子葉の数	1枚	2枚
葉脈のようす	〔　　　　　　　〕脈	〔　　　　　　　〕脈
根のつくり	〔　　　　　　　　　〕	〔　　　　　　　〕と〔　　　　　　　〕

2 図は，2つの植物のなかまの子葉，葉脈，根のようすを表しています。次の問題に答えましょう。

(1) オの根をもつ被子植物のなかまを何といいますか。　〔　　　　　　　　　〕

子葉のようす
ア　　　　イ

(2) ツユクサの子葉，葉脈，根を，図のア〜カからそれぞれ選びましょう。

子葉　〔　　　　　　〕

葉脈　〔　　　　　　〕

根　〔　　　　　　〕

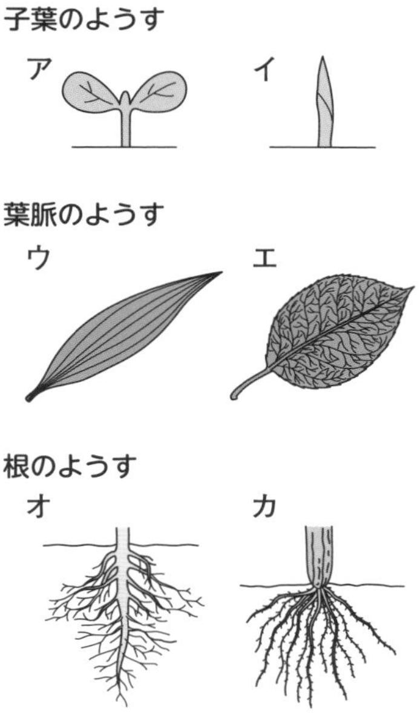

葉脈のようす
ウ　　　　エ

根のようす
オ　　　　カ

子葉・葉脈・根の形はまとめて共通するイメージで覚えておこう。直線的にのびているイメージが単子葉類，横に広がっているイメージが双子葉類。

017

07 シダ植物とコケ植物
種子をつくらない植物もいるの？

植物はみんな花がさく？　いいえ，花がさかない植物もいます。ワラビやゼンマイなどの**シダ植物**と，ゼニゴケやスギゴケなどの**コケ植物**です。どちらも花がさかないので**種子**はできません。種子より小さい**胞子**をつくって子孫をふやします。

【シダ植物】　胞子でふえる。葉・茎・根の区別がある。胞子はしめった地面に落ちると，
　　　　　　　発芽して成長します。
　　　　　　　⇒イヌワラビ，ゼンマイ，スギナ（つくしに胞子のうがある），ノキシノブ，
　　　　　　　ヘゴなど

●イヌワラビ

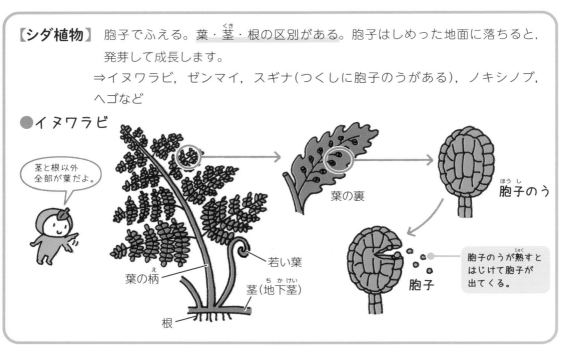

茎と根以外全部が葉だよ。

葉の裏

胞子のう

胞子

胞子のうが熟すとはじけて胞子が出てくる。

葉の柄

若い葉

茎（地下茎）

根

【コケ植物】　胞子でふえる。葉・茎・根の区別がない。雌株と雄株があるものは，雌株の
　　　　　　　胞子のうの中に胞子ができます。
　　　　　　　⇒ゼニゴケ，スギゴケ，エゾスナゴケなど

●ゼニゴケ

胞子のう（裏にある）

雌株

雄株

仮根は根じゃない！からだを地面に固定しているだけ！からだ全体で水を吸収しているよ！

●スギゴケ

胞子のう

雌株

雄株

仮根

仮根

葉のような葉状体

仮根

基本練習

→ 答えは別冊3ページ

1 次の植物のからだのつくりについて，〔　〕にあてはまる語句を書きましょう。

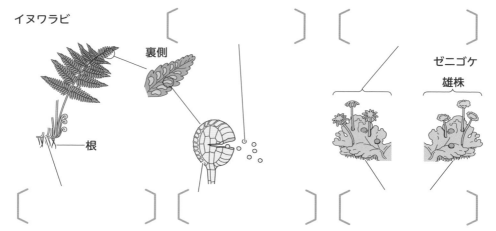

イヌワラビ
裏側
根
ゼニゴケ
雄株

〔　　　〕 〔　　　〕

〔　　　〕 〔　　　〕 〔　　　〕

2 次の表のように，シダ植物とコケ植物の特徴をまとめました。〔　〕にあてはまる語句を書きましょう。

分類名	シダ植物	コケ植物
ふえ方	〔　　　　　　　　〕を つくってふえる。	〔　　　　　　　　〕を つくってふえる。
葉・茎・根の区別があるか，ないか	〔　　　　　　〕。	〔　　　　　　〕。

3 シダ植物のなかまにあてはまるものを下からすべて選び，〔　〕に書きましょう。

〔　　　　　　　　　　　　　　　　　　　　　　　　　〕

イチョウ　イヌワラビ　スギナ　ソテツ　ゼニゴケ

ミス注意　イヌワラビの茎と葉の区別はまちがえやすいところ。地上の葉のまん中の柄が茎に見えるけれど，そこも葉の一部（葉柄）。地下にのびている部分が茎（地下茎）だ。

08 植物の分類 植物はどのように分類できるの？

　ここまで，たくさんの植物を見てきました。そして，それらの植物にはさまざまな特徴がありました。植物を分類するときは，その特徴の中で，まず，いちばん大きな共通点でわけ，それをまた次の共通点でわけるといった順で，細かくわけていきます。

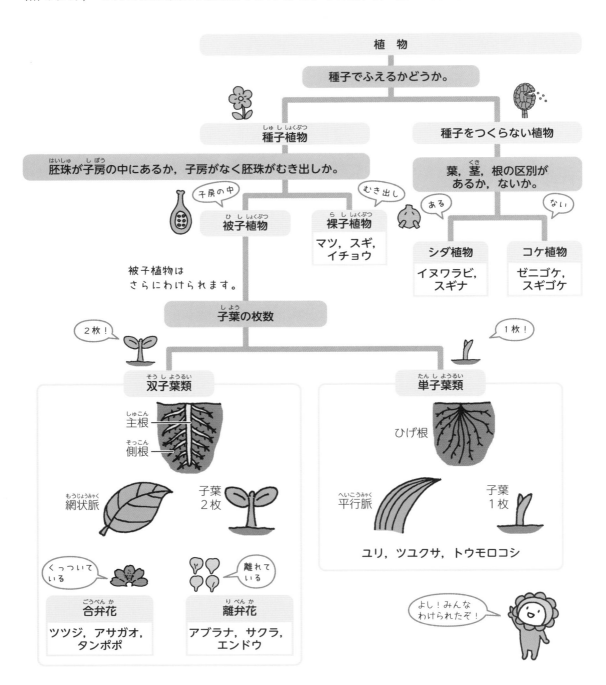

1 次の図は，植物をいろいろな特徴に注目して分類したものです。あとの問題に答えましょう。

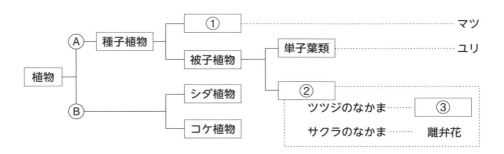

A 種子植物 ─ ① ‥‥‥‥‥‥‥‥ マツ
              被子植物 ─ 単子葉類 ‥‥‥‥‥‥ ユリ
植物
B ─ シダ植物   ②
      コケ植物   ツツジのなかま ‥‥ ③
                      サクラのなかま ‥‥ 離弁花

(1) AとBにわけた観点は，次のア〜ウのうち，どれですか。 〔　　　　〕

   ア 種子をつくるか，つくらないか。

   イ 胚珠が子房の中にあるか，むき出しか。

   ウ 子葉が1枚か，2枚か。

(2) ①〜③にあてはまる語句を書きましょう。

   ① 〔　　　　〕　② 〔　　　　〕　③ 〔　　　　〕

(3) シダ植物とコケ植物をわけるときの観点は何ですか。

   〔　　　　　　　　　　　　　　　　　　　　〕

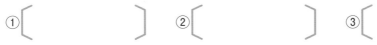 分類の観点は，(1)なら，観点に対する答えが「種子植物の特徴」か「シダ植物とコケ植物に共通の特徴」になるものを選ぼう。

もっとくわしく

種子と胞子って何がちがうの？

  種子には，発芽して成長するのに必要な栄養分がたくわえられていて，乾燥や寒冷などに耐え，広い地域に対応できるつくりになっています。一方胞子は，顕微鏡で見ないとわからないほど小さく，単純なつくりですが，その分，風に乗って遠くまで運ばれやすくなっています。

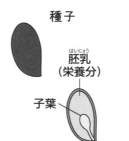

種子

胚乳（栄養分）

子葉

カキの種子とその断面

胞子

スギナ（つくし）から飛ぶ胞子 ©ピクスタ

09 動物はどのように分類できるの？

　地球上にたくさんいる動物たちも，植物と同じようにさまざまな特徴をもっています。その特徴の中で，いちばん大きなちがいは，背骨があるかないかです。背骨（脊椎のこと）がある動物を**脊椎動物**，背骨がない動物を**無脊椎動物**といいます。

【脊椎動物と無脊椎動物】

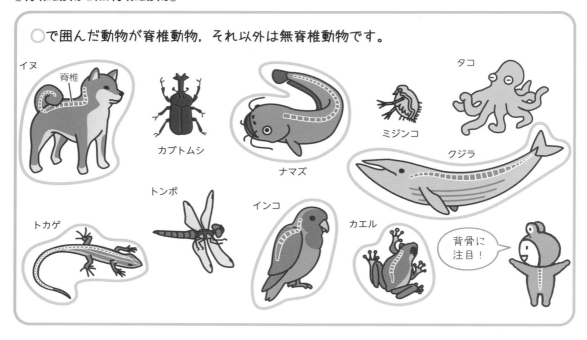

◯で囲んだ動物が脊椎動物，それ以外は無脊椎動物です。

イヌ　脊椎　カブトムシ　ナマズ　ミジンコ　タコ　クジラ　トカゲ　トンボ　インコ　カエル　背骨に注目！

　同じ脊椎動物でも，イヌからカエルまで，さまざまな動物がいます。それらはさらに，5つのグループにわけられます。**魚類**，**両生類**，**は虫類**，**鳥類**，**哺乳類**です。

水陸両方で生活するから両生類！

魚類	両生類	は虫類	鳥類	哺乳類
ナマズ フナ カツオ	カエル イモリ	トカゲ ウミガメ ヘビ	フクロウ スズメ ペンギン	クジラ ヒト　イヌ クマ

基本練習

答えは別冊4ページ

1 〔　〕にあてはまる語句を書きましょう。

動物の中で，背骨がある動物を〔　　　　　　　　　〕動物，背骨がない

動物を〔　　　　　　　　　〕動物という。

2 次の動物の中で，脊椎動物はどれですか。○で囲みましょう。

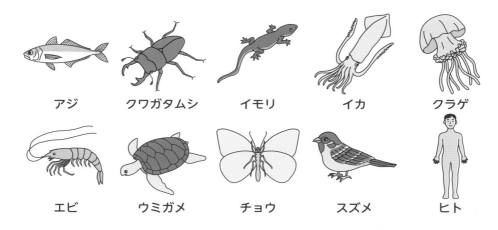

アジ　　　クワガタムシ　　　イモリ　　　イカ　　　クラゲ

エビ　　　ウミガメ　　　チョウ　　　スズメ　　　ヒト

3 次の脊椎動物は，それぞれ何類ですか。〔　〕に書きましょう。

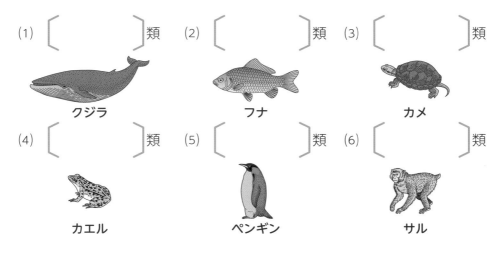

(1) 〔　　　　　〕類　(2) 〔　　　　　〕類　(3) 〔　　　　　〕類

クジラ　　　フナ　　　カメ

(4) 〔　　　　　〕類　(5) 〔　　　　　〕類　(6) 〔　　　　　〕類

カエル　　　ペンギン　　　サル

😊 ミス注意 クワガタムシやカブトムシ，エビのからだはさわるとかたいが，外側のからがかたいだけで，からだの中に背骨はない。

10 脊椎動物ってどんな動物?

　7万種類以上もいる脊椎動物は，呼吸のしかたや子の生まれ方など，いくつかの共通点をもったものどうし，5つのグループにわかれています。
　雌の親が体外に卵を産んで，卵から子がかえるうまれ方を卵生，雌の親の体内で，ある程度育ってから生まれる生まれ方を胎生といいます。

	魚類	両生類		は虫類	鳥類	哺乳類
生活場所	水中 フナ	子は水中 オタマジャクシ	親は陸上 カエル	陸上 トカゲ	陸上 スズメ	陸上 イヌ
呼吸のしかた	えら	子はえらと皮膚	親は肺と皮膚	肺	肺	肺
移動に使う部分	ひれ えら ひれ	子はひれ	親はあし	あし	あし 鳥類の翼は前あしが変化したものだよ。	あし
子の生まれ方	卵生（殻がない）	卵生（殻がない） ぷるぷる		卵生（殻がある）	卵生（殻がある）	胎生
体表のようす	うろこ	しめった皮膚		うろこ	羽毛	毛

　哺乳類には，ライオンなどの**肉食動物**とシマウマなどの**草食動物**がいます。それぞれ目や歯などが，生活に適したつくりになっています。

シマウマ

立体的に見える範囲

ライオン

横向きの目は，広い範囲が見えて敵を見つけやすい。

前向きの目は，広く立体的に見えてえものを追いやすい。

臼歯　門歯

発達した門歯で草を切り，臼歯ですりつぶす。

臼歯　犬歯

するどい犬歯で肉を切りさき，とがった臼歯で骨をくだく。

基本練習

→ 答えは別冊4ページ

1 次の表は，脊椎動物を5つのグループに分類したときの，それぞれの特徴をまとめたものです。〔　〕にあてはまる語句を書きましょう。

	哺乳類	魚類	は虫類	両生類	〔　〕類
生活場所	陸上	〔　〕	陸上	(子) 水中 (親) 陸上	〔　〕
呼吸のしかた	肺	えら	〔　〕	(子) えらと皮膚 (親) 〔　〕 と皮膚	肺
移動に使う部分	あし	〔　〕	あし	(子) ひれ (親) あし	あし（翼）
子の生まれ方	〔　〕	卵生	卵生	〔　〕	卵生
体表のようす	〔　〕	うろこ	〔　〕	しめった皮膚	羽毛

 は虫類と鳥類は，体表以外の特徴が同じなので注意。両生類の子と親（おとな）は生活場所の変化にともなって呼吸のしかたも変わる。

もっと くわしく

体温がコロコロ変わる動物もいるの？

　わたしたちヒトなどの哺乳類と鳥類は，夏も冬も体温はほぼ一定で変化しません。このような動物を**恒温動物**といいます。一方，魚類・両生類・は虫類は，まわりの温度が変化すると体温も変化し，冬には体温が下がって冬眠するものもいます。このような動物を**変温動物**といいます。

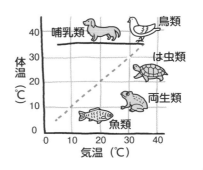

無脊椎動物

無脊椎動物ってどんな動物？

　地球上に146万種類以上もいる無脊椎動物は，からだに多くの節がある**節足動物**，外とう膜をもつ**軟体動物**，その他の無脊椎動物にわけられます。

　脊椎動物は背骨を中心とした**骨格**でからだを支えています。バッタやエビなどの節足動物は，からだが**外骨格**という殻におおわれ，この殻でからだを支え，体内を保護しています。節足動物はさらに，バッタなどの**昆虫類**，エビなどの**甲殻類**にわけられます。

【節足動物】

●昆虫類
→バッタ，カブトムシ，ハチ，トンボ，コオロギなど

●甲殻類
→エビ，カニ，ミジンコ，ダンゴムシなど

●その他の節足動物
→クモ，サソリ，ムカデ，ヤスデなど

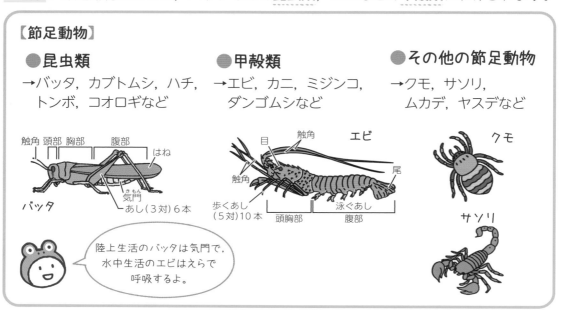

陸上生活のバッタは気門で，水中生活のエビはえらで呼吸するよ。

　イカやタコなどの軟体動物は，**外とう膜**という膜が内臓をおおっているのが特徴です。アサリやサザエなどの貝類は，外とう膜をさらに貝殻がおおっている軟体動物です。

【軟体動物】　→イカ，タコ，アサリ，サザエ，マイマイなど

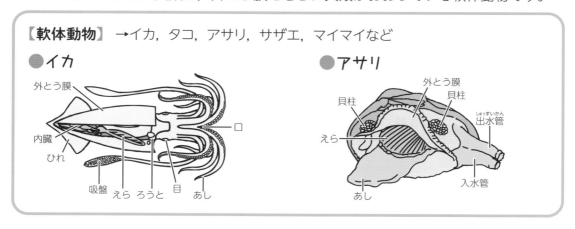

1 〔 〕にあてはまる語句を書きましょう。

無脊椎動物の中で，外とう膜をもつ動物を⑦〔　　　　　　　〕動物といい，

からだやあしに節がある動物を⑦〔　　　　　　　〕動物という。

　⑦のからだは，〔　　　　　　　〕という殻でおおわれていて，カマキリなど

の〔　　　　　　　〕類と，カニなどの〔　　　　　　　〕類にわけられる。

2 下のア～カの無脊椎動物は，Ａ昆虫類，Ｂ甲殻類，Ｃその他の節足動物，
Ｄ軟体動物のうち，どれにあてはまりますか。記号で答えましょう。

Ａ〔　　　　　　　〕　Ｂ〔　　　　　　　〕　Ｃ〔　　　　　　　〕

Ｄ〔　　　　　　　〕

ア	イ	ウ	エ	オ	カ
クモ	タコ	サワガニ	マイマイ	ミジンコ	アリ

😊 ミス注意 **2** クモは昆虫類とまちがえやすいが，昆虫類はからだが頭部・胸部・腹部にわかれ，あしは3対で6本。クモは頭胸部と腹部にわかれ，あしが4対で8本なので昆虫類ではない。

もっとくわしく

その他の無脊椎動物って？

　わたしたちの身のまわりには，節足動物や軟体動物以外にも数多くの無脊椎動物がいます。ミミズのなかま，ウニのなかま，クラゲのなかまなどです。

ミミズのなかま
多くの節があり，細長い。

ミミズ

ゴカイ

ヒル

ウニのなかま
皮膚にとげのある殻をもつ。

ウニ

ヒトデ

ナマコ

クラゲのなかま
放射状のからだをもつ。

クラゲ

イソギンチャク

サンゴ

復習テスト①

1章 生物の観察と分類

1

ルーペと顕微鏡を用いた観察について，次の問いに答えましょう。　【各5点　計35点】

(1) 図のステージ上下式顕微鏡の，A～Dの部分の名称は
何ですか。

A 〔　　　　　　　〕　　B 〔　　　　　　　〕
C 〔　　　　　　　〕　　D 〔　　　　　　　〕

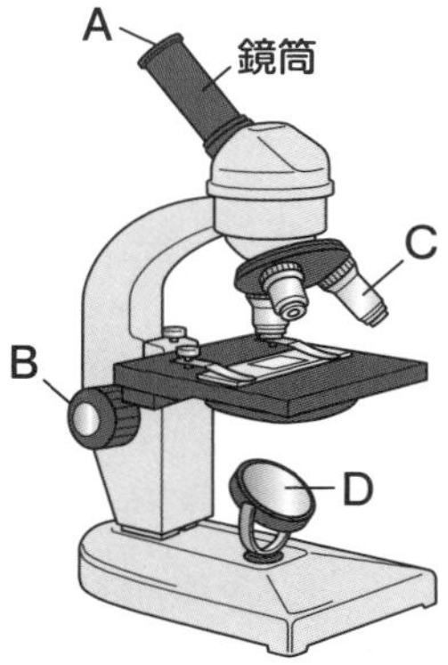

(2) Aは「10倍」，Cは「40倍」と表示してあるものを使
う場合，顕微鏡の倍率は何倍になりますか。

〔　　　　　　　〕

(3) 手に持った花をルーペで観察するときの操作として，
適するものを選びましょう。

ルーペを〔　目に近づけて　・　目から離して　〕持ち，
〔　目を　・　ルーペを　・　花を　〕動かして，ピントを合わせて観察する。

ステージ上下式顕微鏡

鏡筒

2

花のつくりとはたらきについて，次の問いに答えましょう。　【各3点　計15点】

(1) 図1は，サクラの花のつくりを模式的に示したものです。
花粉が入っているのは，A～Dのどこですか。

〔　　　　　　　〕

(2) 成長すると，果実になる部分は図1のA～Dのどこですか。

〔　　　　　　　〕

(3) まつかさは，図2のE，Fのどちらが変化したものですか。

〔　　　　　　　〕

(4) aの部分に花粉がつくと，aはやがて何になりますか。

〔　　　　　　　〕

(5) マツの花は，サクラの花と比べてどのようなちがいがあり
ますか。すべて選びましょう。　〔　　　　　　　〕

ア　花弁がない。　　　イ　胚珠がない。
ウ　種子ができない。　エ　子房がない。

図1

A　　B
C
D

図2

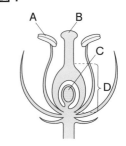

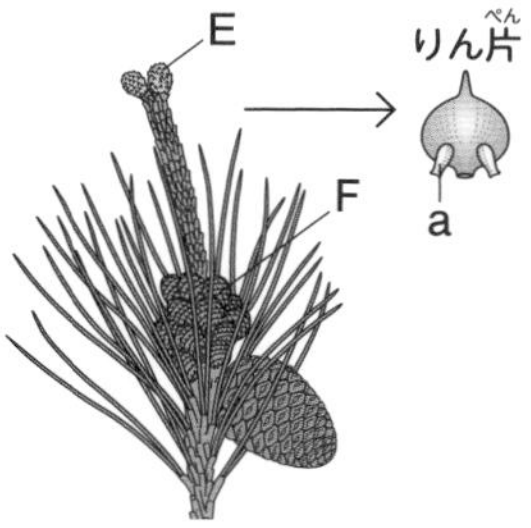

E　　→　　りん片

F　　　　　　a

3 植物の特徴について，下の表の①～⑤にあてはまる語句や数を答えましょう。
a～eには，次のア～カからあてはまる植物をすべて選びましょう。【各3点　計30点】

ア　アブラナ　　イ　ツユクサ　　ウ　イヌワラビ　　エ　マツ
オ　ツツジ　　カ　ゼニゴケ

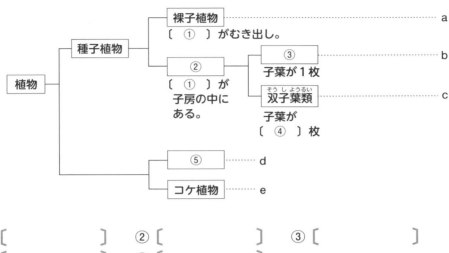

① 〔　　　　　〕　② 〔　　　　　　　　〕　③ 〔　　　　　　　〕
④ 〔　　　　　〕　⑤ 〔　　　　　　　〕
a 〔　　　　〕　　b 〔　　　　　〕　　c 〔　　　　　　〕
d 〔　　　　〕　　e 〔　　　　　〕

4 右のA～Eは，すべて背骨がある動物です。次の問いに答えましょう。

【各4点　計20点】

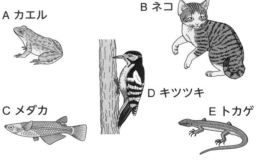

A カエル
B ネコ
C メダカ
D キツツキ
E トカゲ

(1) 背骨のある動物をまとめて何といいますか。
〔　　　　　　　　　　　　〕

(2) 両生類とよばれる動物のなかまは，A～Eのどれですか。
〔　　　　〕

(3) A～Eの動物で，うろこをもつ動物はどれですか。2つ選びましょう。
〔　　　　〕〔　　　　〕

(4) 哺乳類のみに共通している特徴は何ですか。1つ書きましょう。

〔
　　　　　　　　　　　　　　　　　　　　　　　　　　　　　　　　　　〕

12 実験器具の使い方

　これからいろいろな物質を調べていくときに，物質の質量と体積をはかることはかかせません。質量はてんびんではかれます。では，体積は何ではかればいいのでしょう。

　メスシリンダーを使うと，液体の体積をはかることができます。鉄のボルトを水に沈めて，ふえた体積をはかれば，固体の体積もはかることができます。

【メスシリンダーの使い方】

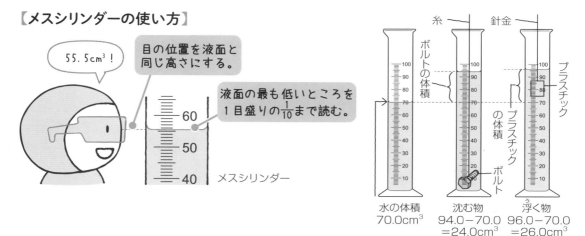

55.5cm³！

目の位置を液面と同じ高さにする。

液面の最も低いところを1目盛りの$\frac{1}{10}$まで読む。

メスシリンダー

糸　　針金

ボルトの体積　プラスチックの体積　プラスチック

ボルト

水の体積
70.0cm³

沈む物
94.0−70.0
=24.0cm³

浮く物
96.0−70.0
=26.0cm³

　物質を調べるのに，ガスバーナーで加熱してみることも必要になります。ガスバーナーのねじを回す向きや操作の順番が，正しく使うポイントです。

【ガスバーナーの操作の順序】

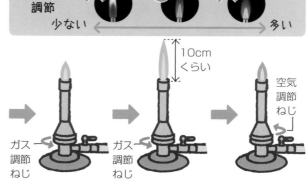

空気の調節
少ない　←　多い
©アフロ

10cm
くらい

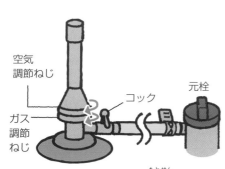

空気調節ねじ

ガス調節ねじ

コック

元栓

空気調節ねじ

ガス調節ねじ

ガス調節ねじ

空気調節ねじ

❶2つの調節ねじが閉まっているか確認。

❷元栓→コックの順に開く。

❸マッチに火をつけ，ガス調節ねじを開いて点火。

❹ガス調節ねじを回して炎を10cmくらいにする。

❺空気調節ねじだけを回して炎を青くする。

火を消すときは，空気調節ねじ→ガス調節ねじ→コック→元栓の順に閉める。

基本練習

→ 答えは別冊4ページ

1 メスシリンダーの目盛りを読むときの目の位置と，読みとる液面の位置として正しいものはどれですか。それぞれ記号を選びましょう。

(1) 目の位置 〔　　　　〕

(2) 液面の位置 〔　　　　〕

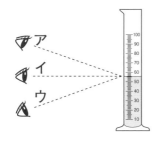

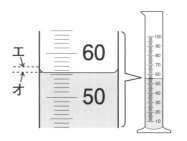

2 ガスバーナーについて，次の問題に答えましょう。

(1) 次のガスバーナーの操作を，正しい順に記号で並べましょう。

〔　　　→　　　→　　　→　　　→　　　〕

ア　マッチに火をつけ，ガス調節ねじを開いて点火する。

イ　ガスの元栓とコックを開く。

ウ　ガス調節ねじと空気調節ねじが閉まっていることを確認する。

エ　空気調節ねじだけを開いて，青い炎に調節する。

オ　ガス調節ねじを回して，炎の大きさを10cmくらいにする。

(2) ガスバーナーの炎が次のようなときに行う正しい操作を，ア～ウから選び，記号で答えましょう。　〔　　　　〕

©アフロ

ア　空気の量をふやす。

イ　空気の量を減らす。

ウ　ガスの量をふやす。

ガスバーナーの赤く長い炎は空気が不足している状態。白く短い炎は空気が多すぎる状態。どちらのときも，ガス調節ねじが動かないようにおさえ，空気調節ねじだけを回して調節する。

13 物質の分類 金属って何?

「宇宙から来たいん石のような**物体**は未知の**物質**でできている」このときの**物体**と**物質**は，別々のものですね。物体はメガネなど，形などでものを区別するときの言い方，物質はガラスなど，材料でものを区別するときの言い方です。

見た目はそっくりでも，できている物質が異なるものはたくさんあります。

【物体と物質】

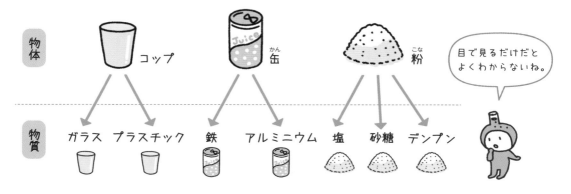

物体　コップ　缶　粉

目で見るだけだとよくわからないね。

物質　ガラス　プラスチック　鉄　アルミニウム　塩　砂糖　デンプン

物質は，**金属**と**非金属**に大きくわけることができます。鉄やアルミニウムなどが金属，金属以外の物質が非金属です。金属には次の共通の性質があります。

【金属の5つの性質】

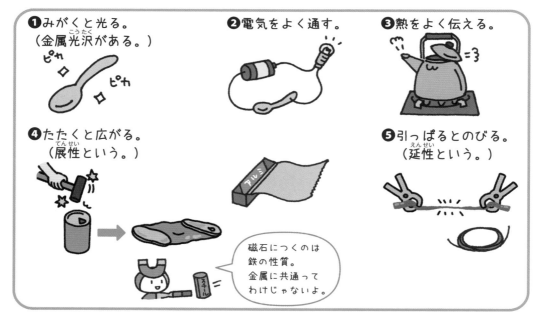

❶みがくと光る。（金属光沢がある。）

ピカ ピカ

❷電気をよく通す。

❸熱をよく伝える。

❹たたくと広がる。（展性という。）

❺引っぱるとのびる。（延性という。）

磁石につくのは鉄の性質。金属に共通ってわけじゃないよ。

基本練習

→ 答えは別冊5ページ

1 〔　　　〕にあてはまる語句を書きましょう。

(1) 物体と物質の使い分けは，

形や用途などでものを区別するときの名称は〔　　　　　　〕，

材料でものを区別するときの名称は〔　　　　　　〕という。

(2) 物質は，大きく金属と〔　　　　　　〕にわけることができる。

2 ものの分類について，次の問題に答えましょう。

(1) 次の**ア**〜**オ**を，物体と物質にわけましょう。

物体〔　　　　　　　　　〕　物質〔　　　　　　　　　〕

ア レンズ　　**イ** ガラス　　**ウ** ゴム　　**エ** 消しゴム　　**オ** のり

(2) 次の**ア**〜**エ**を，金属と非金属に分類しましょう。

金属〔　　　　　　　　　〕　非金属〔　　　　　　　　　〕

ア ペットボトル　　**イ** クリップ　　**ウ** 鉛筆の芯　　**エ** スチール缶

(3) 次の**ア**〜**エ**のうち，金属に共通の性質はどれですか。　〔　　　　　〕

ア 磁石につく。　　　　　　　　　**イ** たたくと音が出る。

ウ 加熱するとすぐ熱くなる。　　　**エ** 水にとけない。

(4) 次の**ア**〜**エ**のうち，磁石につく金属はどれですか。　〔　　　　　〕

ア 銀　　**イ** アルミニウム　　**ウ** 銅　　**エ** 鉄

😊 ミス注意　金属は左のページの5つの性質すべてにあてはまる物質。鉛筆の芯は黒鉛（炭素）からできていて，電気を通し，光っているが，たたくと折れるので金属ではない。

14 有機物って何？

有機物と無機物

砂糖と食塩，かたくり粉（デンプン）は，同じような白い粉で見分けがつきません。でも，水にとかしたり，加熱したりしてみると，いろいろなちがいが出てきます。

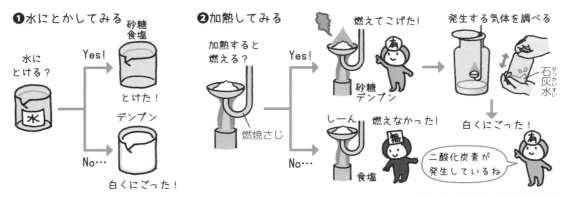

	色	水にとかしたとき		加熱したとき		石灰水の変化
砂糖	白色	とけた。		燃えてこげた。		白くにごった。
かたくり粉（デンプン）	白色	とけ残った。		燃えてこげた。		白くにごった。
食塩	白色	とけた。		燃えなかった。		

水にとけ残ったのはかたくり粉（デンプン），燃えなかったのは食塩と，区別することができました。また，砂糖やかたくり粉は黒くこげて炭（炭素）になり，二酸化炭素が発生しました。これは，砂糖やデンプンに炭素がふくまれていたからです。

砂糖やデンプンのように，炭素をふくむ物質を有機物といいます。有機物以外の物質を無機物といい，金属などがあてはまります。有機物は燃えると二酸化炭素が発生しますが，多くは水素もふくんでいるため，水も発生します。

1章

2章　身のまわりの物質

3章

4章

1 表は，A～Cの粉末をいろいろな方法で調べたときの結果です。A～C
は砂糖，デンプン，食塩のいずれかです。A～Cはそれぞれ何ですか。

A 〔　　　　　　　　〕　B 〔　　　　　　　　〕　C 〔　　　　　　　　〕

	色	水にとかしたとき	加熱したとき	加熱したときの 石灰水の変化
A	白色	とけた。	燃えなかった。	
B	白色	とけた。	燃えてこげた。	白くにごった。
C	白色	とけ残った。	燃えてこげた。	白くにごった。

2 〔　　　　〕にあてはまる語句を書きましょう。

炭素をふくむ物質を⑦〔　　　　　　　　〕という。⑦を燃やすと，必ず気体

の〔　　　　　　　　〕が発生する。⑦以外の物質を〔　　　　　　　〕とい

う。⑦の多くは水素もふくんでいるため〔　　　　　　〕も発生する。

3 次のア～ケの物質を，有機物と無機物に分類しましょう。

有機物 〔　　　　　　　　　　　　　　　〕

無機物 〔　　　　　　　　　　　　　　　〕

ア　水　　　　　　　イ　エタノール　　　ウ　プラスチック

エ　鉄　　　　　　　オ　プロパン　　　　カ　ガラス

キ　二酸化炭素　　　ク　デンプン　　　　ケ　アルミニウム

😊🦊 有機物中には炭素があるので，燃やすと酸素と結びついて必ず二酸化炭素が発生する。多く
は水素もふくむので，水素と酸素が結びついて水も発生する。

15 （密度）ものの密度の調べ方

　重さを比べるとき，あなたならどうします
か。両手にのせるなどしなくても，それぞれ
の質量がわかれば解決します。

　質量は，物質そのものの量を表しているの
で，質量が大きい方が重いのです。質量は，
上皿てんびんではかることができる量です。

重いのは
どっちだろう…

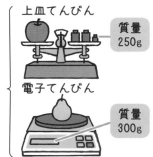

上皿てんびん

質量
250g

電子てんびん

質量
300g

　いろいろな物質の質量を同じ体積で比べると，物質の種類ごとにちがっています。
1 cm³あたりの質量を密度といい，次の公式で求めることができます。

$$密度〔g/cm^3〕＝\frac{物質の質量〔g〕}{物質の体積〔cm^3〕}$$

式を変形すると，質量と体積を求めることができます。

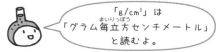

「g/cm³」は
「グラム毎立方センチメートル」
と読むよ。

●物質の質量＝密度×物質の体積

●物質の体積＝物質の質量÷密度

　密度は物質によって決まっているので，物質を区別するときの手がかりになります。

固体	氷（0℃）	0.92〔g/cm³〕
	鉄（20℃）	7.87
液体	水（4℃）	1.00
	エタノール（20℃）	0.79

液体	水銀（20℃）	13.5〔g/cm³〕
	菜種油（20℃）	0.91 ～ 0.92
気体	水蒸気（100℃）	0.0006
	水素（20℃）	0.00008

　液体の中に入れた固体が，浮
くか沈むかも，密度がかかわっ
ています。密度の大きい方が沈
み，小さい方が浮くのです。

　液体どうし，気体どうしでも
同じことが起こります。

【密度が大きい方が沈む】

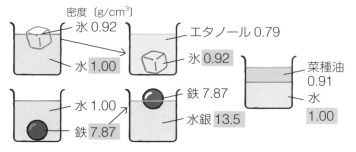

密度〔g/cm³〕

氷 0.92

水 1.00

エタノール 0.79

氷 0.92

菜種油
0.91

水
1.00

水 1.00

鉄 7.87

鉄 7.87

水銀 13.5

1章

2章 身のまわりの物質

3章

4章

1 〔　　〕にあてはまる語句を書きましょう。

物質1 cm³あたりの質量を⑦〔　　　　　　　〕という。

⑦を求める式は,

$$⑦ 〔g/cm^3〕 = \frac{物質の〔\qquad\qquad〕〔g〕}{物質の〔\qquad\qquad〕〔cm^3〕}$$

2 次の問題に答えましょう。

(1) 次の物質の密度を求めましょう。

① 体積2 cm³, 質量22 gの物質　〔　　　　　　〕

② 質量108 g, 一辺が3 cmの立方体の物質  〔　　　　　　〕

(2) 次の物質の質量や体積を（　　）の単位で求めましょう。

① 密度8.9 g/cm³, 体積10 cm³の物質の質量（g）〔　　　　　　〕

② 密度7.9 g/cm³, 質量79 gの物質の体積（cm³）〔　　　　　　〕

3 次の〔　　　〕の2つの物質をビーカーに入れたとき, 浮く方の物質を○で囲みましょう。ただし, 密度は, 水1.00 g/cm³, 氷0.92 g/cm³, 鉄7.87 g/cm³, 水銀13.5 g/cm³, エタノール0.79 g/cm³, 菜種油0.91 g/cm³とします。

(1) 〔　水・氷　〕　　(2) 〔　鉄・水銀　〕

(3) 〔　エタノール・氷　〕　(4) 〔　菜種油・エタノール　〕

 密度の単位g/cm³の読み方「グラム毎立方センチメートル」または「グラムパー立方センチメートル」をよく覚えておこう。「/」の「毎」や「パー」は「割る」という意味だから, 「●g÷○cm³」と式もわかる。

16 【状態変化】 固体・液体・気体で何が変わる?

水は熱すると，**固体**（氷）→**液体**（水）→**気体**（水蒸気）へと変化します。逆に冷やすと，気体→液体→固体へと変化します。

このように物質の状態が変わることを**状態変化**といいます。状態変化は，水に限らず，どんな物質にも起こります。

状態変化では，体積が大きく変化します。体積はふつう，固体→液体→気体の順に大きくなります。

【状態変化】

気体

固体 　熱する（加熱）　液体

冷やす（冷却）

【状態変化のときの体積の変化】

●ろう

固体 熱する 液体 体積がふえた！

●エタノール

液体 熱する 気体 体積がふえた！ 湯

体積が変化するのは，物質をつくっている粒子が，加熱によって，自由に動き回るようになるからです。

粒子の数は変わらないので，質量は変化しません。

【粒子の動き】

固体 熱する／冷やす 液体 熱する／冷やす 気体

水が氷に変わるときは例外です。水より氷の体積の方が大きくなるのです。水より氷の密度が小さくなるため，氷は水に浮くことになります。

【水の体積の変化】

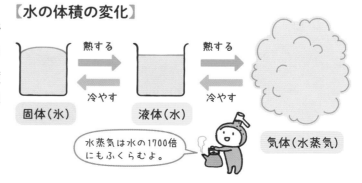

固体（氷） 熱する／冷やす 液体（水） 熱する／冷やす 気体（水蒸気）

水蒸気は水の1700倍にもふくらむよ。

基本練習

→ 答えは別冊5ページ

1 次の問題に答えましょう。

(1) 〔　　　〕にあてはまる語句を書きましょう。

固体⇄液体⇄気体と物質の状態が変わることを

〔　　　　　　　　　　　　〕という。

(2) 〔　　　〕の中の，正しい方を○で囲みましょう。

物質が固体⇄液体⇄気体と変わるとき，物質の質量は

変化〔　する・しない　〕。また，物質の体積は変化〔　する・しない　〕。

これは，物質をつくっている粒子の数が変化〔　する・しない　〕からである。

2 次の物質が，状態変化によって図の左から右に体積が変化するとき，加熱と冷却のどちらによって変化しますか。〔　　　　〕に書きましょう。

(1) ろう　　　　　　　(2) 風船の中のエタノール　　(3) 水

〔　　　　　〕　　　〔　　　　　〕　　　〔　　　　　〕

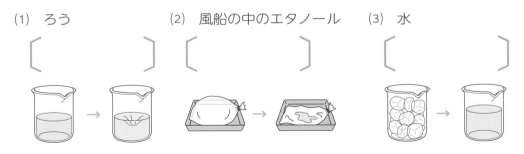

3 図の①～⑥の矢印のうち，冷却を表している矢印をすべて選びましょう。

〔　　　　　　　　　〕

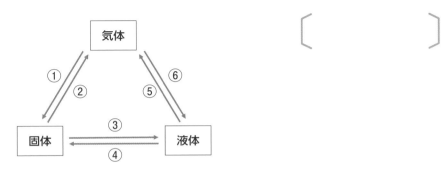

状態変化では，体積が加熱で大きくなり，冷却で小さくなる。水だけは例外なので，液体から固体の氷になると，「水に浮く」→「密度小さい」→「体積ふえる」と覚えよう。

17 沸点は100℃, 融点は0℃!

沸点と融点

物質は温度によって，固体⇄液体⇄気体と状態変化します。このとき，液体が沸騰して気体へ変わる温度を**沸点**といいます。水なら100℃です。また，固体がとけて液体に変わる温度を**融点**といいます。水なら0℃です。

融点や沸点のときは，変化が終わるまで一定の温度が続きます。

【水の状態変化と融点・沸点】　　　　　　　　　【エタノールの温度変化】

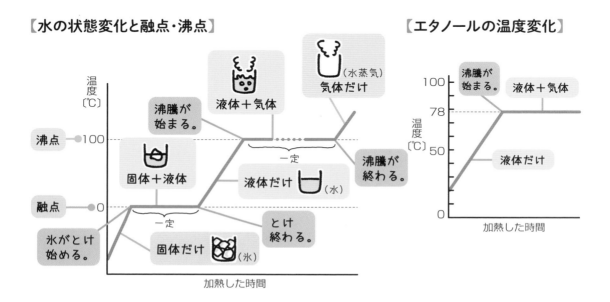

水以外のどんな物質にも沸点と融点はあります。沸点と融点は，物質の種類によってちがうので，密度と同じように，物質を区別する手がかりの1つになります。

【いろいろな物質の融点と沸点】

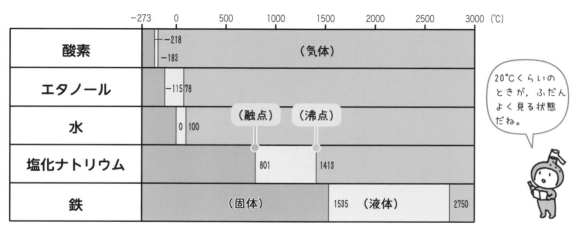

20℃くらいのときが，ふだんよく見る状態だね。

基本練習

→ 答えは別冊6ページ

1 次の問題に答えましょう。

(1) 〔　〕にあてはまる語句を書きましょう。

固体がとけて液体になるときの温度を〔　　　　　　　〕といい，液体が

沸騰して気体になるときの温度を〔　　　　　　〕という。

(2) 図は，固体の水を加熱したときの温度変化のようすです。次の問題に答え
ましょう。

① A，Bの温度はそれぞれ何℃ですか。

A〔　　　　　　〕

B〔　　　　　　〕

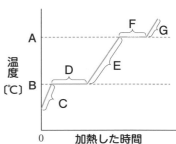

② A，Bの温度をそれぞれ何といいますか。

A〔　　　　　　〕

B〔　　　　　　〕

③ 固体と液体が混ざっている状態は，図のC～Gのどの部分ですか。

〔　　　　　　〕

😊 **ポイント** 温度変化のグラフで平らな部分は，一定の温度が続いていることを表しているので，融点か
沸点，どちらかの温度であることがわかる。

理由が💡わかる

蒸発と沸騰のちがいって？

水（液体）が，表面から少しず
つ水蒸気（気体）になっていくの
が**蒸発**です。水の内部からも水蒸
気になっていくのが**沸騰**です。

蒸発

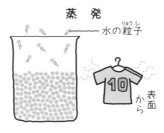
水の粒子
表面から

沸騰

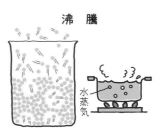
水蒸気

18 混ざった液体をわけてとり出そう!

混合物の蒸留

物質は、エタノールや鉄、酸素のような1種類の物質からできた**純物質**（純粋な物質）と、空気や海水、5円玉のような2種類以上の物質が混ざり合った**混合物**にわけられます。

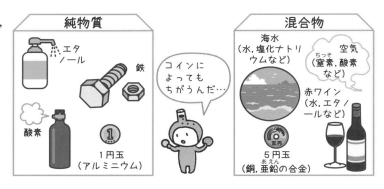

純物質

エタノール
鉄
酸素
1円玉（アルミニウム）

コインによってもちがうんだ…

混合物

海水（水,塩化ナトリウムなど）
空気（窒素,酸素など）
赤ワイン（水,エタノールなど）
5円玉（銅,亜鉛の合金）

いったん混ぜた混合物は、わけることはできないのでしょうか？

水とエタノールの混合物を沸騰させて、先に出てくる気体を冷やすと、エタノールが多い液体をとり出すことができます。沸点がエタノールは78℃、水が100℃なので、沸点の低いエタノールが先に気体になって出てくるからです。

液体を加熱して沸騰させ、出てくる蒸気（気体）を冷やして、再び液体にすることを**蒸留**といいます。蒸留は、石油からガソリンをとり出すときにも使われています。

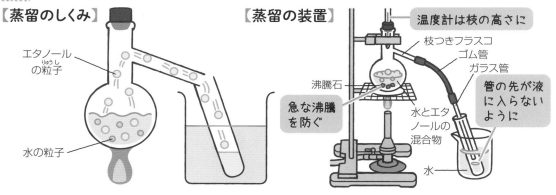

【蒸留のしくみ】

エタノールの粒子
水の粒子

【蒸留の装置】

温度計は枝の高さに
枝つきフラスコ
ゴム管
ガラス管
沸騰石
急な沸騰を防ぐ
水とエタノールの混合物
管の先が液に入らないように
水

【水とエタノールの混合物の加熱　温度変化と集まる液体】

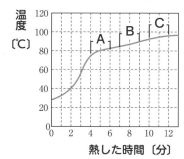

温度〔℃〕

熱した時間〔分〕

A（1本目）の試験管の液体
→火がつく。エタノールの強いにおい。
→エタノールが濃い。

B（2本目）の試験管の液体
→エタノールがうすい。

C（3本目）の試験管の液体
→火はつかない。エタノールのにおいはしない。
→ほとんどが水。

基本練習

➡ 答えは別冊6ページ

1 次の問題に答えましょう。

(1) 1種類の物質でできているものを何といいますか。

[　　　　　]

(2) いくつかの物質が混ざり合ったものを何といいますか。

[　　　　　]

(3) 液体を加熱して沸騰させ，出てきた蒸気（気体）を集めて冷やし，再び液体にもどして集める方法を何といいますか。

[　　　　　]

2 水とエタノールの混合物を図1の装置で加熱し，温度を記録したら，図2のようになりました。次の問題に答えましょう。

図1　温度計／枝つきフラスコ／ゴム管／ガラス管／水とエタノールの混合物／水

(1) 急な沸騰をさけるために，フラスコの液体の中に入れなければいけないものは何ですか。

[　　　　　]

(2) 図2のア〜ウのときに集めた液体のうち，最も燃えやすいものはどれですか。

[　　　　　]

(3) 図2のア〜ウのときに集めた液体のうち，水をふくむ割合が最も大きいものはどれですか。

[　　　　　]

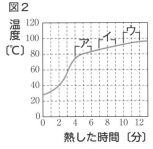
図2　温度〔℃〕／ア／イ／ウ／120 100 80 60 40 20 0／0 2 4 6 8 10 12／熱した時間〔分〕

(4) 水とエタノールの混合物を加熱して温度を上げていったとき，先に気体になって出てくるのは水とエタノールのどちらですか。

[　　　　　]

混合物の加熱のグラフには，一定の沸点のようすは現れないが，混合物中の2つの物質のそれぞれの沸点近く（エタノール78℃，水100℃）で，それぞれの多くが気体になっていく。

→ 答えは別冊16ページ

得点　／100点

2章 身のまわりの物質

1

実験器具の使い方について，次の問いに答えましょう。　【(1)各5点 (2)10点　計20点】

(1) 次の図のメスシリンダーに入った水の量は何 cm³ ですか。

① 〔　　　　　〕cm³　　② 〔　　　　　〕cm³

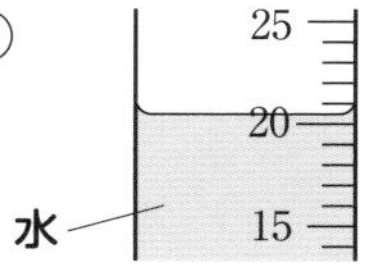

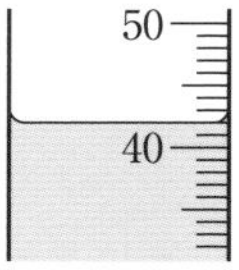

(2) ガスバーナーの操作の順序として正しくなるように，①～⑦を順に並べましょう。

〔　　→　　→　　→　　→　　→　　→　　〕

① ガスの元栓とコックを開く。
② ガス調節ねじで，炎の大きさを調節する。
③ マッチなどの点火用具に火をつける。
④ ガス調節ねじと空気調節ねじが閉じていることを確認する。
⑤ ガス調節ねじを開いてガスを出す。
⑥ 空気調節ねじで，炎を青い色にする。
⑦ ガスに火をつける。

2

下の物質から，有機物と金属をそれぞれすべて選び，書きましょう。【各10点　計20点】

有機物…〔　　　　　　　　　　　　　　　　　　　　　　　　　　〕
金属……〔　　　　　　　　　　　　　　　　　　　　　　　　　　〕

| 食塩　砂糖　デンプン　木　アルミニウム　水 |
| ガラス　炭素　二酸化炭素　鉄　ろう　銅 |

3

次の問いに，単位をつけて答えましょう。　【各5点　計15点】

(1) 体積100 cm³，質量270 g の物質の密度はいくらですか。　〔　　　　　〕

(2) 密度7.9 g/cm³，体積20 cm³ の物質の質量はいくらですか。　〔　　　　　〕

(3) 密度2.3 g/cm³，質量23 g の物質の体積はいくらですか。　〔　　　　　〕

4 次のグラフは，氷を加熱したときの温度変化を表したものです。次の問いに答えましょう。

【(1)各3点 (2)・(3)各4点 計20点】

(1) ア～エの状態を，それぞれ下の①～⑤から選びましょう。

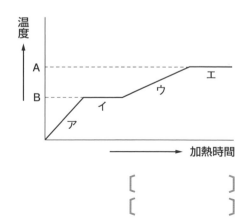

ア〔　　　〕　イ〔　　　〕

ウ〔　　　〕　エ〔　　　〕

① 固体のみ　② 液体のみ

③ 気体のみ　④ 固体と液体

⑤ 液体と気体

(2) Aの温度は何℃ですか。　　　　　　　　　　〔　　　　　　〕

(3) Bの温度を何といいますか。　　　　　　　　〔　　　　　　〕

5 図1のような実験装置で，水とエタノールの混合物を加熱しました。図2は，そのときの温度変化のようすです。次の問いに答えましょう。【各5点 計25点】

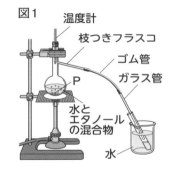

図1

(1) 図1のPは，急な沸騰を防ぐために入れるものです。何といいますか。　　　　〔　　　　　　〕

(2) 図2で，沸騰が始まったのは，A，Bどちらのときですか。　　　　〔　　　　〕

(3) 図2のA，Bのときに，それぞれ少量の液体を集めました。それぞれにマッチの火を近づけると，Aの液体は燃えましたが，Bの液体は燃えませんでした。Aの液体が燃えたのはなぜですか。その理由を簡単に書きましょう。

〔

　　　　　　　　　　　　　　　　　　　　　　　　〕

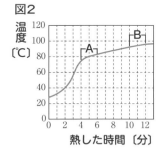

図2

(4) この実験のように，液体を加熱して沸騰させ，出てくる蒸気を冷やして再び液体にすることを何といいますか。　　　　〔　　　　　　〕

(5) 実験終了後，ガスバーナーの火を消すときに確認することとして正しいものを次から選びましょう。　　　　〔　　　　〕

ア　液体の沸騰が終わっていること。　イ　温度計の温度が下がったこと。

ウ　試験管に液がたまっていること。　エ　ガラス管の先が液体から出ていること。

19 気体の性質の調べ方

気体の性質

炭酸飲料から出るシュワシュワの泡，あの気体は何でしょう？　酸素や水素など，ほとんどの気体は透明で見えません。気体が何か見わけるための方法はいくつかあります。

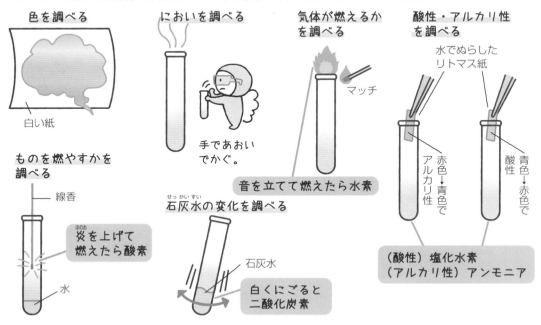

色を調べる — 白い紙

においを調べる — 手であおいでかぐ。

気体が燃えるかを調べる — マッチ
音を立てて燃えたら水素

酸性・アルカリ性を調べる — 水でぬらしたリトマス紙
赤色→青色でアルカリ性
青色→赤色で酸性
（酸性）塩化水素
（アルカリ性）アンモニア

ものを燃やすかを調べる — 線香・水
炎を上げて燃えたら酸素

石灰水の変化を調べる — 石灰水
白くにごると二酸化炭素

気体を発生させて集めるとき，その気体の水へのとけやすさと空気と比べた重さ（密度）がわかると，集める方法を決めることができます。

【気体を集める方法の決め方】

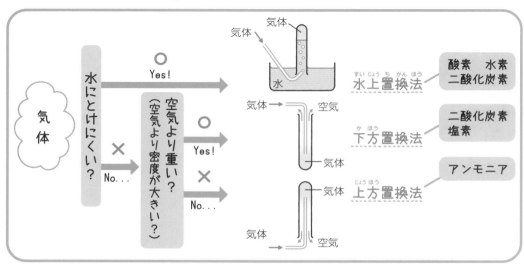

気体 → 水にとけにくい？
Yes! → 水上置換法 … 酸素　水素　二酸化炭素
No… → 空気より重い？（空気より密度が大きい？）
　Yes! → 下方置換法 … 二酸化炭素　塩素
　No… → 上方置換法 … アンモニア

1 気体の調べ方について，〔　　〕の中の正しい方を〇で囲みましょう。

(1) 気体のにおいを調べるときは，〔　鼻を近づけて・手であおいで　〕かぐ。

(2) 気体が燃えるかどうかを確かめるときは，気体の入った試験管に，火のついた〔　マッチを近づける・線香を入れる　〕。

(3) 水でぬらした赤色リトマス紙を気体の中に入れて青色に変わったとき，気体の水溶液の性質は〔　酸性・アルカリ性　〕である。

2 次の図は，気体を集める方法の決め方を表しています。あとの問題に答えましょう。

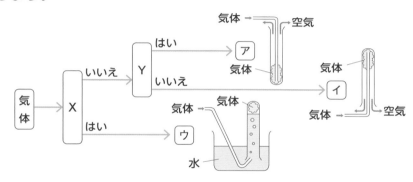

(1) X，Yにはどのような観点が入りますか。次からそれぞれ選びましょう。

X〔　　　　〕 Y〔　　　　〕

ア　密度が空気より大きいか？　　イ　水より重いか？

ウ　空気にとけやすいか？　　エ　水にとけにくいか？

(2) ア～ウの気体の集め方の名称をそれぞれ書きましょう。

ア〔　　　　　　　〕 イ〔　　　　　　　〕

ウ〔　　　　　　　〕

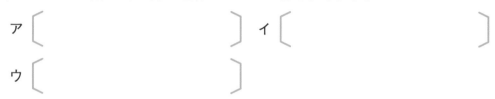
2 水上置換法は空気と混ざらない気体を集められるので，ベストな方法。そのため，まず最初に，水にとけるかとけないかの観点で気体をわけよう。

20 酸素と二酸化炭素のつくり方

わたしたちヒトをはじめ，すべての動物や植物は，呼吸(こきゅう)によって**酸素**を吸(す)いこみ，**二酸化炭素**を出しています。いろいろな気体の中でも，最もかかわりのある気体です。

【酸素のつくり方】

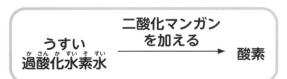

うすい過酸化水素水(かさんかすいそすい) →(二酸化マンガンを加える)→ 酸素

【二酸化炭素のつくり方】

石灰石(せっかいせき) + うすい塩酸 → 二酸化炭素

酸素

最初は水を満たしておく。

はじめに出る気体は装置の中の空気なので捨てるよ。

二酸化マンガン
うすい過酸化水素水
（オキシドール）
水上置換法(すいじょうちかんほう)

二酸化炭素

水

塩酸
石灰石（貝殻(かいがら)）
水上置換法
または下方置換法(かほう)

　酸素の中では，ものが激しく燃えます。二酸化炭素の中では，燃えずに火は消えてしまいます。気体にはそれぞれ特有の性質があり，気体を区別する手がかりになります。

【酸素の性質】

色	無色
におい	無臭(むしゅう)
空気と比べた重さ	少し重い
水へのとけやすさ	とけにくい
特徴(とくちょう)	ものを燃やすはたらき 火のついた線香を入れると激しく燃える。 （酸素自身は燃えない）
集め方	水上置換法

【二酸化炭素の性質】

色	無色
におい	無臭
空気と比べた重さ	重い
水へのとけやすさ	少しとける
特徴	・石灰水(せっかいすい)が白くにごる ・水溶液(すいようえき)は酸性 白くにごるなら二酸化炭素と覚えよう。
集め方	水上置換法 下方置換法

基本練習

答えは別冊6ページ

1 図1と図2は，ある気体を発生させる装置と薬品を表しています。あとの問題に答えましょう。

図1

うすい
塩酸

石灰石　　気体A

図2

オキシドール

気体B

二酸化マンガン　　　水

(1) 図1と図2の装置と薬品で発生する気体A，Bは，それぞれ何ですか。

気体A 〔　　　　　　　　　〕　　　気体B 〔　　　　　　　　　〕

(2) 図1と図2の気体を集める方法をそれぞれ何といいますか。

図1 〔　　　　　　　　　〕　　　図2 〔　　　　　　　　　〕

2 気体の性質をまとめた次の表の〔　　〕にあてはまる語句を書きましょう。

気　体	二酸化炭素	酸素
におい	無臭	〔　　　　　　〕
空気と比べた重さ	〔　　　　　　〕	少し重い
水へのとけやすさ	少しとける	とけにくい
特　徴	石灰水が〔　　　　　　〕。	ものを〔　　　　　　〕はたらきがある。
集め方	下方置換法と〔　　　　　　〕	水上置換法

二酸化炭素は水に少しとけるだけなので，水上置換法で集めても問題はない。水上置換法の方が下方置換法より，二酸化炭素を集めるときに空気が混ざりにくい。

21 水素とアンモニアのつくり方

水素，アンモニア

水素は，ロケットや水素自動車の燃料として使われる気体です。また，**アンモニア**は有毒ですが，肥料の原料などに使われている身近な気体です。

【水素のつくり方】

鉄・亜鉛などの金属 ＋ うすい塩酸 → 水素

うすい塩酸
鉄などの金属
水上置換法

【アンモニアのつくり方】

❶ 塩化アンモニウム ＋ 水酸化カルシウム ──加熱→ アンモニア

❷ アンモニア水 ──加熱→ アンモニア

塩化アンモニウム ＋ 水酸化カルシウム
アンモニア
加熱
上方置換法

水が発生するので，試験管が割れないように口を下げるよ。

水素は，あらゆる物質の中で最も密度が小さくて軽い気体です。アンモニアは，空気より軽く，鼻をさすような特有の刺激臭があります。

【水素の性質】

色	無色
におい	無臭
空気と比べた重さ	非常に軽い
水へのとけやすさ	とけにくい
特徴	音を立てて燃える 火を近づけると燃えて水ができる。（水滴がつく。）
集め方	水上置換法

【アンモニアの性質】

色	無色
におい	刺激臭
空気と比べた重さ	軽い
水へのとけやすさ	非常にとけやすい
特徴	・有毒 ・水溶液はアルカリ性
集め方	上方置換法

アルカリ性ならアンモニアと覚えちゃおう

基本練習

答えは別冊7ページ

1 次の問題に答えましょう。

(1) 塩化アンモニウムと水酸化カルシウムの混合物を加熱すると発生する気体は何ですか。〔　　　　　　　　　　〕

(2) うすい塩酸に亜鉛を入れると発生する気体は何ですか。〔　　　　　　　　〕

(3) 気体の性質をまとめた次の表の〔　　〕にあてはまる語句を書きましょう。

気体	アンモニア	水素
におい	〔　　　　　　　〕	〔　　　　　　　〕
空気と比べた重さ	軽い	非常に軽い
水へのとけやすさ	非常にとけやすい	とけにくい
特徴	水溶液は〔　　　　　　　〕性	火をつけると気体が音を立てて〔　　　　　　　〕。
集め方	〔　　　　　　　〕	水上置換法

😊 ミス注意 アンモニアのにおいは，「特有のにおい」と答えるのではなく，どんなにおいかを説明する「刺激のあるにおい」や「刺激臭」と答えよう。

もっとくわしく

アンモニアで赤い噴水ができるのはなぜ？

フェノールフタレイン溶液（酸性・中性で無色，アルカリ性で赤色になる）を加えた水に，アンモニアで満たしたフラスコを図のように設置して，スポイトから水を入れると，赤い噴水が見られます。

アンモニア
スポイトで水を入れる
フラスコ
フェノールフタレイン溶液を加えた水
水そう

フラスコに水が入る
→アンモニアが水にとける
→フラスコ内の気体が減る
→水そうの水が吸い上げられる
→吸い上げられた水にアンモニアがとけてアルカリ性になり，赤い噴水になる

22 気体を見わけよう!

身近な気体の中で，大量に存在する気体，それは**窒素**です。空気の中の78%という量をしめています。

【空気中の窒素】

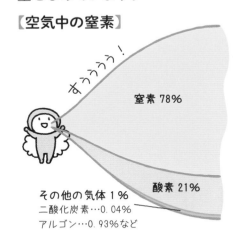

まぅぅぅぅ！

窒素78%

その他の気体 1%
二酸化炭素…0.04%
アルゴン…0.93%など

酸素 21%

【窒素の性質】

色	無色
におい	無臭
空気と比べた重さ	少し軽い
水へのとけやすさ	とけにくい
特徴	ほかの物質と反応しにくい お菓子などの袋に変質防止剤として入れられているよ。 （燃やすはたらきはない）
集め方	水上置換法

ここまで出てきた気体に，**塩素，塩化水素，メタン**を加えて，気体の性質をまとめます。赤く示した文字は，その気体のキーワード。覚えておくとカンペキです！

気体	色	におい	空気と比べた重さ	水へのとけやすさ	おもな特徴
酸素	無色	無臭	少し重い	とけにくい	ものを燃やすはたらき
二酸化炭素	無色	無臭	重い	少しとける	石灰水が白くにごる 水溶液（炭酸水）は酸性
水素	無色	無臭	非常に軽い	とけにくい	燃えて水ができる
アンモニア	無色	刺激臭	軽い	非常にとけやすい	水溶液はアルカリ性
窒素	無色	無臭	少し軽い	とけにくい	空気の78%
塩素	黄緑色	刺激臭	重い	とけやすい	水溶液は酸性，漂白や殺菌作用
塩化水素	無色	刺激臭	重い	非常にとけやすい	水溶液（塩酸）は酸性
メタン	無色	無臭	軽い	とけにくい	天然ガスの主成分

1章

2章 身のまわりの物質

3章

4章

1 次の問題に答えましょう。

(1) 空気中に約78％ふくまれている気体は何ですか。 〔　　　　　〕

(2) (1)の気体の中に，火のついたろうそくを入れるとどうなりますか。

〔　　　　　　　　　　　　　　　　〕

2 4種類の気体A〜Dの性質を調べたら，表のようになりました。あとの
問題に答えましょう。

気体	水へのとけ方	空気より重いか軽いか	におい	特徴
A	少しとける	重い	なし	水溶液は酸性を示す。
B	とけにくい	軽い	なし	火をつけると音を立てて燃える。
C	とけにくい	重い	なし	ろうそくが激しく燃える。
D	とけやすい	軽い	刺激臭	水溶液はアルカリ性を示す。

(1) 気体A〜Dは何ですか。下のア〜エから選び，記号で答えましょう。

A 〔　　　〕　B 〔　　　〕　C 〔　　　〕　D 〔　　　〕

ア　酸素　　イ　二酸化炭素　　ウ　水素　　エ　アンモニア

(2) できるだけ空気が混ざらないように気体A〜Dを集めるには，下のア〜ウ
のどの方法で集めればよいですか。それぞれ選び，記号で答えましょう。

A 〔　　　〕　B 〔　　　〕　C 〔　　　〕　D 〔　　　〕

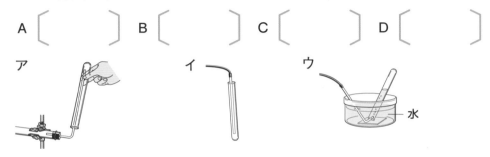

ア　　　　　　　　　　イ　　　　　　　　　ウ　　　　水

気体の区別は，その気体だけにしかないちがいに注目。「刺激臭」がアンモニア，「燃える」
のが水素，「燃やす」のが酸素，「石灰水が白くにごる」のが二酸化炭素。

23 水溶液 「水にとける」ってどういうこと?

砂糖のかたまりを水に入れると，だんだん消えていきます。

砂糖や食塩など，物質は目に見えないほど小さな粒（粒子）が集まってできていて，水に入れると，粒子1粒1粒がばらばらになって広がっていくので，かたまりが見えなくなっていくのです。

【物質が水にとけるとき】

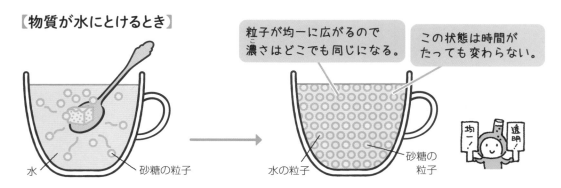

粒子が均一に広がるので濃さはどこでも同じになる。

この状態は時間がたっても変わらない。

水　砂糖の粒子　水の粒子　砂糖の粒子

均一!　透明!

砂糖のようにとけている物質を**溶質**，水のように溶質をとかしている液体を**溶媒**といい，溶質が溶媒にとけた液体が**溶液**です。食塩水や砂糖水のように，溶媒が水のときを**水溶液**といいます。

色がついていても透明なら水溶液です。

溶質　溶媒　溶液（水溶液）

とける前ととけたあとで，溶質と溶媒の粒子の数は変わらないので，全体の質量も変わりません。

【水溶液の質量】

溶質の質量〔g〕＋溶媒の質量〔g〕＝溶液の質量〔g〕

水　食塩　食塩水

100gの水に20gの食塩を入れてとかしたときの水溶液の重さは？

100＋20で120gだね!

基本練習　→ 答えは別冊7ページ

1 次の問題に答えましょう。

(1) 〔　〕にあてはまる語句を書きましょう。

食塩水にふくまれる食塩のように，水にとけている物質を

㋐〔　　　　　　　〕といい，食塩水の水のように㋐をとかしている液体を

〔　　　　　　　〕という。

(2) コーヒーシュガーを水に入れて置いておいたら，図のようになりました。
ビーカー**C**の説明として正しいものを，下の**ア〜エ**からすべて選びましょう。　〔　　　〕

A コーヒーシュガー

B 粒が見えなくなり，底の方が茶色い液になった。

C 茶色の透明な液体になった。

ア　水溶液である。　　イ　色がついているので水溶液ではない。

ウ　下の方が濃い。　　エ　どの部分も濃さは同じである。

(3) 90 gの水に15 gの硫酸銅をとかしたところ，すべてとけました。この硫酸銅水溶液の質量は何gですか。　〔　　　　　〕

😊ポイント コーヒーシュガーには茶色の色がついているが，見えない粒子になって水の中に広がるため，透明になる。いったん(2)のCの状態になった水溶液はBのようにもどることはない。

もっとくわしく

水溶液ではないものは？

水溶液は，物質が目に見えない粒子になってとけているので透明です。デンプンは粉が底の方に沈むので水溶液とはいえません。また，牛乳や血液などは，粒子の大きさが大きく透明ではないため，水溶液とはいえません。

硫酸銅水溶液は色がついているが透明なので水溶液。

デンプンを水にとかしても底に沈んでしまい水溶液にはならない。

24 濃度 水溶液の濃さの比べ方

色に濃いうすいがあるように，水溶液にも濃いうすいがあります。

2つの水溶液の濃さ（**濃度**）を比べるには，水溶液の量を同じにして，その中にどれだけの溶質がとけているかを比べればわかります。

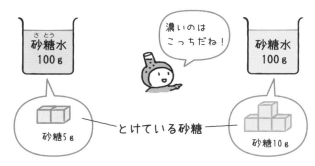

溶液の質量に対する溶質の質量の割合を，パーセント（%）で表したものを<u>質量パーセント濃度</u>といいます。質量パーセント濃度は次の式で求めることができます。

【質量パーセント濃度】

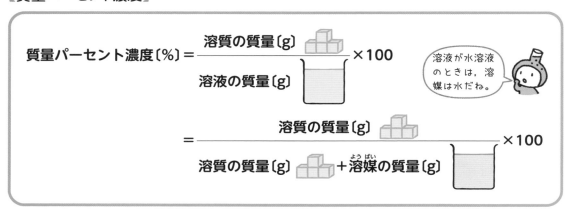

例えば，水100gに食塩25gをとかしたときの質量パーセント濃度は，

$$食塩水の濃度〔\%〕=\frac{25〔g〕}{100〔g〕+25〔g〕}×100=20より20\%となります。$$

式を変形すれば，溶質の質量と溶媒の質量を求めることができます。

●溶質の質量〔g〕=溶液の質量〔g〕× $\dfrac{質量パーセント濃度〔\%〕}{100}$

●溶媒の質量〔g〕=溶液の質量〔g〕－溶質の質量〔g〕

例えば，10%の食塩水50gなら，とけている食塩(溶質)は，$50〔g〕×\dfrac{10}{100}=5〔g〕$

水(溶媒)は，$50〔g〕-5〔g〕=45〔g〕$とわかります。

1章
2章
物質　身のまわりの
3章
4章

1〔　　〕にあてはまる語句を書きましょう。

溶液の質量に対する溶質の質量の割合を％で表したものを

㋐〔　　　　　　　　　　　　　　　　　　　　　　　〕という。

㋐を求める式は，

$$㋐〔\%〕 = \frac{〔\quad の質量〔g〕\quad〕}{溶質の質量〔g〕 + 〔\quad の質量〔g〕\quad〕} \times 100$$

2 次の水溶液の質量パーセント濃度を求めましょう。

(1)　水85 gに食塩15 gをとかした食塩水　　　〔　　　　　〕

(2)　水45 gに砂糖5 gをとかした砂糖水　　　〔　　　　　〕

(3)　水352 gに硫酸銅48 gをとかした硫酸銅水溶液　　　〔　　　　　〕

(4)　水570 gにミョウバン30 gをとかしたミョウバン水溶液

〔　　　　　〕

3 次の問題に答えましょう。

(1)　質量パーセント濃度30％の硫酸銅水溶液300 gにとけている硫酸銅は何g
ですか。　　　〔　　　　　〕

(2)　質量パーセント濃度10％の食塩水を200 gつくるには，何gの水が必要で
すか。　　　〔　　　　　〕

😊 ミス注意　**2** (食塩÷水)×100で求めないように注意。割る数はいつも溶液（食塩＋水）の質量。
3 (2) まず，10％200 gの食塩水には何gの食塩がとけているのかを求めよう。

057

25 とける限界量＝溶解度!

溶解度

いくらあまい飲み物が好きでも，砂糖を無限にとかすことはできません。

物質が一定量の水に限界までとけている状態を「飽和している」といい，限界までとけた水溶液を飽和水溶液といいます。

ここは飽和水溶液　　とけ残り

もうムリですー！

えー。

水100 gに物質をとけるだけとかして飽和水溶液にしたとき，とけた物質の量を溶解度といいます。溶解度は物質の種類ごとに温度によって決まっています。ふつう，水の温度が上がると溶解度は大きくなります。

【溶解度曲線】

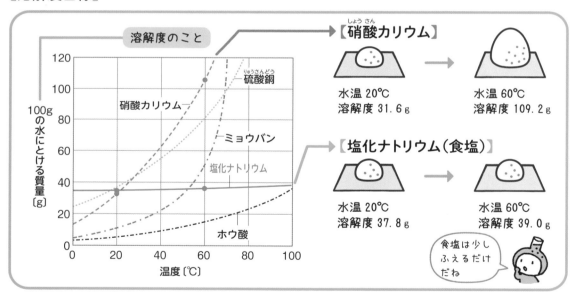

水の温度と溶解度との関係を表す上のグラフを**溶解度曲線**といいます。

溶解度が温度によって大きく変化する物質は，水の温度を上げれば，多くの量をとかすことができます。

塩化ナトリウムだけは，温度を上げても溶解度はあまり変わりません。

とけ残りも全部とけたよ！

基本練習

→ 答えは別冊8ページ

1 〔　　　〕にあてはまる語句を書きましょう。

物質をとけるだけとかした水溶液を

〔　　　　　　　　　　　　　　　　　〕という。水100 gに，とけるだけとか

したときの物質の質量を〔　　　　　　　　　〕という。

2 図は，5種類の物質の溶解度曲線です。次の問題に答えましょう。

(1)　60℃の水100 gに，硫酸銅は約
　　何gまでとかすことができますか。

〔　　　　　　　　　〕

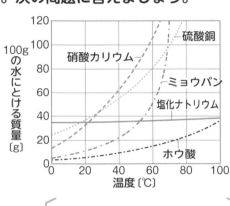

(2)　20℃の水200 gに，ミョウバン
　　は約何gまでとかすことができます
　　か。

〔　　　　　　　　　〕

(3)　40℃の水100 gに，最も多くとける物質は何ですか。

〔　　　　　　　　　〕

(4)　60℃の水100 gが入った5つのビーカーに，図の5種類の物質をそれぞ
　　れ20 gずつ入れたとき，とけ残る物質はどれですか。

〔　　　　　　　　　〕

(5)　40℃の水100 gに50 gのミョウバンを入れたところ，一部がとけ残りま
　　した。すべてとかすには，温度を最低約何℃まで上げればよいですか。

〔　　　　　　　　　〕

溶解度曲線のグラフの見方になれておこう。各温度でそれぞれの物質が何gまでとけるか読
みとれれば，どんな問題も解けるはず。

26 とけたものをとり出そう!

　いったん水にとけた物質も，水が乾いたり，温度が下がったりして溶解度が小さくなれば，とけきれなくなった分が固体となって現れてきます。このとき現れる固体が，**結晶**です。

　結晶は純粋な物質で，その物質だけの規則正しい決まった形をしています。

タネもシカケもありません。
水溶液を冷やすと…

飽和水溶液　　結晶

なにか出てきた!

【さまざまな物質の結晶】

塩化ナトリウム（食塩）	硝酸カリウム	硫酸銅	ミョウバン

サイコロ形	針のような形	青い色	八面体

　いったん水などにとかした物質を再び結晶としてとり出すことを**再結晶**といいます。再結晶の方法は2つ。1つは温度を下げること，もう1つは水の量を減らすことです。

【方法① 水溶液を冷やす】
（溶解度の変化が大きい物質）

水溶液の温度を下げると，溶解度が小さくなるので，結晶が出てきます。

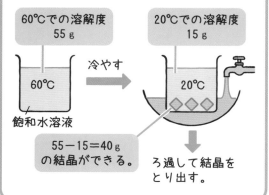

60℃での溶解度 55g

20℃での溶解度 15g

60℃
飽和水溶液

冷やす

20℃

55－15＝40g の結晶ができる。

ろ過して結晶をとり出す。

【方法② 水を蒸発させる】
（溶解度の変化が小さい物質）

水の量が減れば，とけることができる物質の量も少なくなるので，結晶が出てきます。

飽和水溶液

蒸発

結晶

塩化ナトリウムをとり出すのに適しているよ。

硝酸カリウムと硫酸銅©アフロ

基本練習

→ 答えは別冊8ページ

1 次の問題に答えましょう。

(1) 純粋な物質で，物質に特有の規則正しい形をした固体を何といいますか。

[   ]

(2) 物質をいったん水などの溶媒にとかしたあと，水溶液を冷やしたり，水を蒸発させたりして，物質を再び(1)としてとり出すことを何といいますか。

[   ]

2 右のA～Cの図は，何の結晶ですか。それぞれあとのア～エから選びましょう。

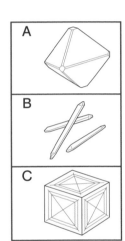

A [   ]   B [   ]

C [   ]

ア 硫酸銅　　　　イ 塩化ナトリウム
ウ 硝酸カリウム　エ ミョウバン

3 塩化ナトリウムと硝酸カリウムの飽和水溶液から，再結晶で固体をとり出すには，それぞれ次のア～ウのどの方法を用いるとよいですか。

塩化ナトリウム [   ]　　　硝酸カリウム [   ]

ア 水溶液の温度を下げる。
イ 水溶液にとけている物質と同じ物質をさらに加える。
ウ 水溶液の水を蒸発させる。

塩化ナトリウムとミョウバンの結晶の形は特徴があるので，覚えておこう。
溶解度の変化が小さい塩化ナトリウムの再結晶は，水を蒸発させる方法しかない。

27 再結晶の問題の解き方

再結晶の計算

物質がとけた水溶液から，再結晶によってどれだけの結晶が出てくるかは，グラフや計算で求めることができます。ここでは，例題を使って解き方を覚えていきましょう。

⬭にあてはまる数を書きましょう。

【例題】 50℃の水100gに，硝酸カリウムをとけるだけとかして，飽和水溶液をつくりました。この飽和水溶液を20℃まで冷やすと，何gの硝酸カリウムが結晶として出てきますか。

図は，硝酸カリウムの溶解度曲線です。

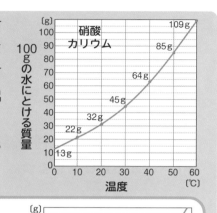

【解き方】

グラフを見ると，50℃の水100gに硝酸カリウムは ❶⬜ gまでとけるので，飽和水溶液には，❷⬜ gの硝酸カリウムがとけている。

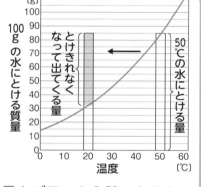

この飽和水溶液を20℃まで冷やすので，20℃の水100gにとける硝酸カリウムの最大の量をグラフから読みとると，

❸⬜ g。

50℃の飽和水溶液にふくまれていた硝酸カリウムが，20℃になってとけきれなくなって出てくる量は，❷－❸で求められる。

（式） ❹⬜〔g〕 － ❺⬜〔g〕 ＝ ❻⬜〔g〕

よって，硝酸カリウムの結晶は ❼⬜ g出てくる。

あわてずに，順番に考えていこうね！

【答え】 ❶ 85 ❷ 85 ❸ 32 ❹ 85 ❺ 32 ❻ 53 ❼ 53

基 本 練 習

→ 答えは別冊8ページ

1 図は硝酸カリウムの溶解度曲線です。次の問題に答えましょう。

(1) 50℃の水100 gに，硝酸カリウムをと
けるだけとかした飽和水溶液を30℃まで
冷やすと，何gの硝酸カリウムの結晶が出
てきますか。 〔　　　　　〕

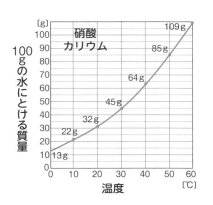

(2) 40℃の水100 gに，硝酸カリウムを
55 g入れて混ぜ，硝酸カリウム水溶液を
つくりました。この水溶液を10℃まで冷
やすと，何gの硝酸カリウムの結晶が出て
きますか。 〔　　　　　〕

(3) 50℃の水50 gに，硝酸カリウムを35 g入れて混ぜ，硝酸カリウム水溶液
をつくりました。この水溶液を30℃まで冷やすと，何gの硝酸カリウムの結
晶が出てきますか。 〔　　　　　〕

2 硝酸カリウム，ミョウバン，塩化ナトリ
ウムを，それぞれ60℃の水100 gにとけ
るだけとかして飽和水溶液をつくりまし
た。それぞれの水溶液を20℃まで冷やし
たとき，最も多くの量の結晶が出てくる
のは，どの水溶液ですか。

　図は，それぞれの物質の溶解度曲線を
表しています。

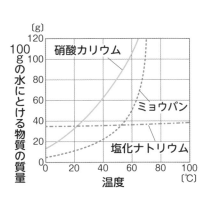

〔　　　　　　　　　　　　　　　〕の水溶液

各温度のときに，何gの水に何gの物質がとけているのかを考える。溶解度は，「100 gの水
溶液」ではなく，「100 gの水」にとけている量ということに注意。

→ 答えは別冊17ページ

得点

／100点

❷章 身のまわりの物質

1
次のA〜Cは、3種類の気体の集め方を表しています。あとの問いに答えましょう。

【各5点 計20点】

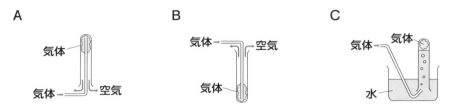

A
気体
気体　空気

B
気体　空気
気体

C
気体　気体
水

(1) A〜Cのうち、水にとけにくい気体を集めるのに適した集め方はどれですか。

〔　　　　　〕

(2) Cの集め方よりもAの集め方が適している気体の性質は、どのような性質ですか。次のア〜エから2つ選びましょう。　〔　　　　〕〔　　　　〕

ア　水にとけにくい。　　　　　イ　水にとけやすい。
ウ　空気より密度が大きい。　　エ　空気より密度が小さい。

(3) Cの集め方を何といいますか。　　　　　　　　〔　　　　　　　〕

2
表は、4種類の気体のつくり方や性質をまとめたものです。あとの問いに答えましょう。

【各6点 計30点】

気　体	つくり方	性質
酸素	二酸化マンガンに（①）を加える。	・水にとけにくい。 ・ものを燃やすはたらきがある。
二酸化炭素	石灰石にうすい（②）を加える。	・水に少しとける。 ・（③）を白くにごらせる。
A	金属にうすい（②）を加える。	・物質の中で最も軽い。 ・燃える。
B	塩化アンモニウムと水酸化カルシウムを混ぜて加熱する。	・刺激臭がある。 ・水に非常にとけやすい。

(1) A、Bの気体は何ですか。　　A〔　　　　　〕　　B〔　　　　　〕

(2) ①〜③にあてはまる物質は何ですか。それぞれア〜オから選びましょう。

①〔　　　〕　　②〔　　　〕　　③〔　　　〕

ア　石灰水　　イ　蒸留水　　ウ　オキシドール　　エ　水酸化ナトリウム　　オ　塩酸

3 下の表は，ホウ酸が水100 gにとける限度の量と温度との関係を表しています。あとの問いに答えましょう。【各6点　計30点】

ホウ酸の水100 gにとける量と温度

温度〔℃〕	0	10	20	30	40	50	60	70	80	90	100
とける量〔g〕	2.5	3.5	5.0	6.5	9.0	12	15	19	24	30	40

(1)　60℃の水200 gにホウ酸をとけるだけとかしました。とけたホウ酸は何gですか。　　　　　　　　　　　　　　　　〔　　　　　〕

(2)　(1)の質量パーセント濃度は何％ですか。小数第1位を四捨五入して整数で求めましょう。　　　　　　　　　　　　　　　〔　　　　　〕

(3)　40℃の水100 gにホウ酸を15 g入れてよくかき混ぜたところ，ホウ酸の一部がとけずに残りました。とけ残ったホウ酸は何 gですか。　〔　　　　　〕

(4)　(3)の水溶液をろ過して，固体をとり除き，10℃まで冷やすと固体が出てきました。出てきた固体は何gですか。　　　　　　　　〔　　　　　〕

(5)　(4)の固体のように，いったん水にとかしたホウ酸を再び固体としてとり出すことを何といいますか。漢字3字で答えましょう。　　　　〔　　　　　〕

4　図は，5種類の物質の溶解度曲線です。あとの問いに答えましょう。【各5点　計20点】

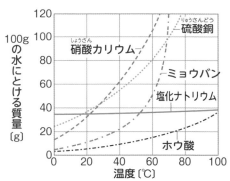

(1)　物質が溶解度までとけた水溶液を何といいますか。　　　　〔　　　　　〕

(2)　図の5種類の物質をそれぞれ50℃の水100 gにとけるだけとかしました。とけた質量が最も大きい物質はどれですか。　　　　　　　　〔　　　　　〕

(3)　(2)の5種類の水溶液を20℃まで冷やしたとき，出てくる結晶の質量が最も大きいのは，どの物質の水溶液ですか。　　　　　　　　　〔　　　　　〕

(4)　(2)の水溶液をそれぞれ20℃まで冷やしたとき，塩化ナトリウムをとかした水溶液からは結晶がほとんど出てきませんでした。その理由を簡単に書きましょう。

〔

065

28 光の性質 「見える」ってどういうこと？

　太陽や電球のように，自分から光を出しているものを光源といいます。光源から出た光は，あらゆる方向にまっすぐに進みます。これを光の直進といいます。

　「見える」ということは，光が目に届くことです。電球の光や炎などの「光源が見える」のは，光源の光が直接目に届くからです。また，リンゴや月などの，光源以外の「ものが見える」のは，光源から出た光がものの表面ではね返って目に届くからです。光が物体に当たってはね返ることを，光の反射といいます。

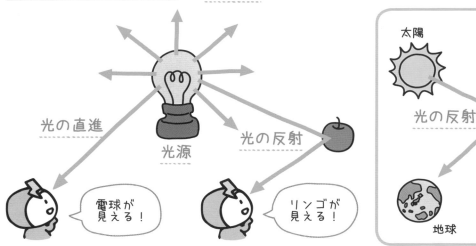

光の直進

光源

光の反射

電球が見える！

リンゴが見える！

太陽

光の反射

月

地球

　太陽の光は，色のない白色光です。でも，プリズムを通すと虹のように色がわかれるので，さまざまな色の光が混ざって白色になっていることがわかります。

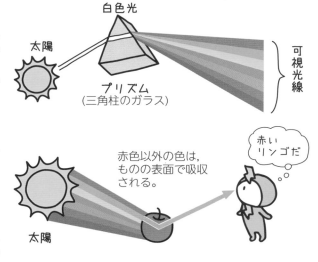

白色光

太陽

プリズム
(三角柱のガラス)

可視光線

　白色光や，目に見える赤や青などの光をまとめて可視光線といいます。

　ものを見たとき，色が見えるのは，ものに当たった光の中で，より多く反射した光の色が見えているのです。

赤色以外の色は，ものの表面で吸収される。

赤いリンゴだ

太陽

基本練習

→ 答えは別冊8ページ

1 〔　〕にあてはまる語句を書きましょう。

(1) 太陽や蛍光灯やろうそくの炎のように，自ら光を出している物体を

⑦〔　　　　　　　　　　　〕という。⑦から出た光は，まっすぐに進む。

このことを光の〔　　　　　　　　　〕という。

(2) ものが見えるのは，光源から出た光がものに当たって

〔　　　　　　　　　　　〕することで目に届くからである。

(3) 植物の葉が緑色に見えるのは，太陽の光が葉に当たったとき，

〔　　　　　　　　〕色の光がより多く〔　　　　　　　　　〕して

目に届くからである。

2 次の問題に答えましょう。

(1) 次の**ア**〜**オ**の中で，光源となっているものをすべて選びましょう。

〔　　　　　　　　　　　　　　　〕

ア 月　　**イ** 太陽　　**ウ** 鏡　　**エ** プリズム　　**オ** 灯台

(2) 右の図で，光源の光にてらされた
リンゴが見えるとき，光源から出た
光が目まで進む道すじを→で結びま
しょう。

光源

目 　　　　　リンゴ

😊 ミス注意 **2** (1)「光源」とは，自分から光を出せるもの。月は太陽の光を反射して光っているだけなので，光源とはいわない。

29 反射の法則 光がはね返るとき

　鏡は，光のほとんどをはね返します。鏡の正面に立てば，正面に自分の顔が映りますが，ななめに立つと，ほかのものが映ります。鏡にななめから当たった光は，ななめに反射しています。

　鏡に当たる光の反射のしかたには，ある法則があります。反射前の光（入射光）と反射したあとの光（反射光）がつくる**入射角**と**反射角**がいつも等しいのです。

　この法則を**光の反射の法則**といいます。

【鏡で反射する光】

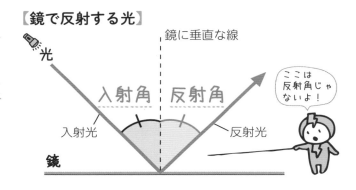

【光の反射の法則】

> **入射角＝反射角**

　どんな物体も，表面を拡大すると，デコボコしています。

　光は，すべての面で反射の法則どおりに反射するので，物体で反射した光はさまざまな方向に進みます。これを**乱反射**といいます。

　乱反射によって，いろいろな方向にいる人から，同じ物体を見ることができているのです。

【乱反射】

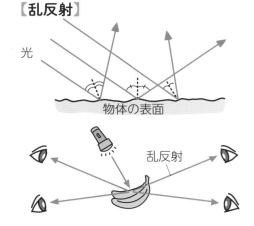

基本練習

→ 答えは別冊9ページ

1 (1)は正しいものを〇で囲み，(2)・(3)は〔　　〕にあてはまる語句を書きましょう。

(1)　光が物体に当たって反射するとき，入射角と反射角との間には，

〔　入射角<反射角・入射角＝反射角・入射角>反射角　〕の関係がある。

(2)　(1)の関係を，光の〔　　　　　　　　　　　　　　　　　〕の法則という。

(3)　物体のでこぼこした表面で，光がさまざまな方向に反射することを

〔　　　　　　　　　　　　　〕という。

2 右の図のア〜カのうち，鏡に当たった光が反射する道すじはどれですか。

〔　　　　　　　　　　　〕

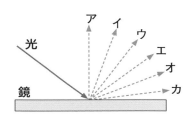

3 次の問題に答えましょう。

(1)　右の図の a 〜 d のうち，入射角と反射角はそれぞれどれですか。

入射角〔　　　　　　　　〕

反射角〔　　　　　　　　〕

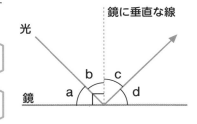

(2)　a の角度が30°のとき，入射角と反射角はそれぞれ何°になりますか。

入射角〔　　　　　　　　　　　　〕

反射角〔　　　　　　　　　　　　〕

😊 ミス注意 入射角や反射角は，鏡と光のつくる角度とまちがえやすいので注意。
鏡に垂直な線を引いて考えることを忘れずに。

1章　2章　3章 身のまわりの現象　4章

30 鏡に像が映るとき

鏡の前にものを置くと，まるで鏡の中にものがあるように見えませんか。

鏡に映って見えているものを**像**といいます。像は，鏡をはさんで反対側の，<u>線対称の位置</u>にあるように見えます。それは，物体から出た実際の光が鏡で反射して目に届くとき，鏡の奥の像から光が出ているように見えるからです。

【鏡に映る像の位置と光の道すじ】

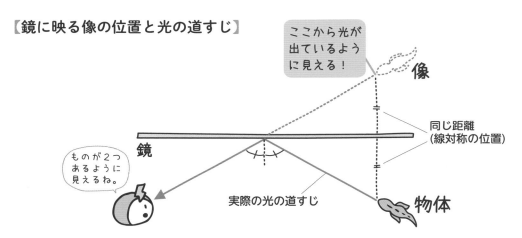

それではここで，鏡に像が映るときの光の道すじを作図してみましょう。像ができる位置と，物体から出た光が鏡で反射する位置の2点を求めれば，簡単にかけます。

【鏡で反射した光の道すじのかき方】

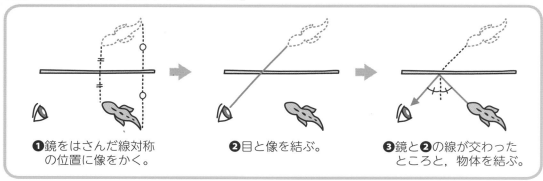

❶鏡をはさんだ線対称の位置に像をかく。

❷目と像を結ぶ。

❸鏡と❷の線が交わったところと，物体を結ぶ。

1章

2章

3章 身のまわりの現象

4章

1 次の問題に答えましょう。

(1) 〔　〕にあてはまる語句を書きましょう。

　　鏡の前に立つと，自分のすがたが映る。このような鏡に映って見えている

ものを〔　　　　　　　　　　〕という。

(2) 　B点から出た光が鏡の表面で反射して，観測者のA点に届くまでの光の道

　　すじを作図しましょう。ただし，B点の像の位置B′をかいてから，B→鏡→

　　Aと進む光の道すじをかき入れましょう。

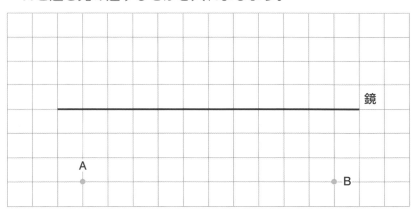

物体からの光が鏡で反射する位置は，入射角＝反射角となる位置でもある。この位置を
さがすより，線対称の位置にある像と目を結んだ線と鏡との交点を求める方が簡単。

もっとくわしく

全身を映すのに必要な鏡のサイズは？

　鏡に全身を映すのに，身長と同じ高さの鏡は
必要ありません。身長の半分の高さがあれば
十分です。

　頭や足の先から出た光は，目との距離の中間
で鏡で反射するため，反射しない鏡の上下の部
分は必要ないのです。

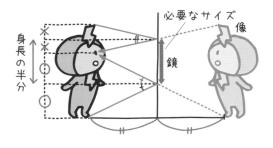

31 光の屈折
光が折れ曲がるとき

金属のかたいスプーンが、水の中でぐにゃり！　でも、本当に曲がったわけではありません。これは、スプーンから出た光が、水中から空気中に進むとき、折れ曲がることによって起こる現象です。

もとはまっすぐなのにどうして？

光が折れ曲がって進むことを光の屈折といいます。また、屈折した光と、境界面に垂直な線との角度を屈折角といいます。光の屈折では、入射角と屈折角に下の図のようなきまりがあります。

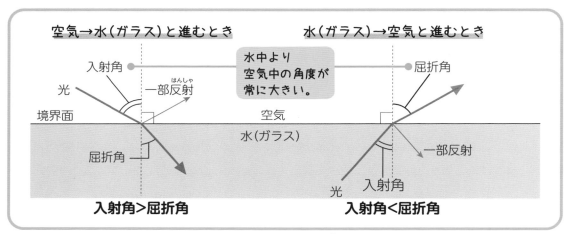

空気→水（ガラス）と進むとき

入射角

光

一部反射

境界面

屈折角

入射角＞屈折角

水（ガラス）→空気と進むとき

水中より空気中の角度が常に大きい。

屈折角

空気

水（ガラス）

一部反射

入射角

光

入射角＜屈折角

水中のスプーンは、水面での光の屈折によって浮いて見えていたのですね！

光が水やガラスから空気中へ進むときには、特別なことが起こる場合があります。

入射角がある角度以上に大きくなると、屈折角が90°をこえてしまい、光は空気中に出られず、水中にすべて反射してしまうのです。全反射という現象です。

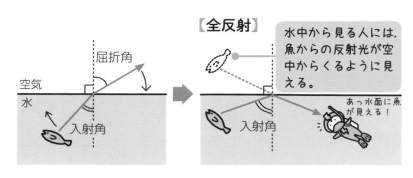

屈折角

空気

水

入射角

【全反射】

水中から見る人には、魚からの反射光が空中からくるように見える。

入射角

あっ水面に魚が見える！

基 本 練 習

→ 答えは別冊9ページ

1 〔　〕にあてはまる語句を書きましょう。

(1)　光が折れ曲がって進むことを，光の〔　　　　　　　　　　〕という。

(2)　右の図の a ～ f で，

入射角は〔　　　　　　　〕，屈折角は〔　　　　　　　〕，

反射角は〔　　　　　　　〕である。

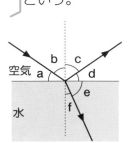

(3)　水中から空気中へ光が進むとき，入射角がある角度以上大きくなると，境界面ですべて反射する。この現象を〔　　　　　　　　　　〕という。

2 直方体のガラスに光を入射したとき，光の進み方として正しいものはア～ウのどれですか。図は，ガラスを上から見た図です。　〔　　　　　〕

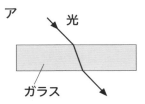

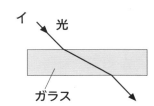

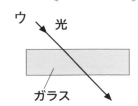

3 通信ケーブルに使われているガラスの線でできた光ファイバーは，その中を光が図のように進んでいきます。光ファイバーは，次のア～ウのうちのどの現象を利用したものですか。

〔　　　　　〕

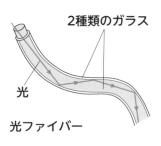

光ファイバー

ア　光の直進　　イ　光の屈折　　ウ　光の全反射

---

1 (2) 入射角・反射角・屈折角は，光と境界面に垂直な線でつくる角。

2 アの光を反対側から入射すると，矢印の向きが逆になるだけで，同じ道すじをたどる。

32 凸レンズって何?

　虫眼鏡には，真ん中がふくらんだ凸レンズが使われています。虫眼鏡で拡大して見えたり，景色が逆さまに見えたりするのは，凸レンズを通る光の屈折によって起こることなのです。

大きく見える!

上下左右が逆さまに見える!

　凸レンズを通る光は，水やガラスを通るときと同じように屈折します。レンズの面はカーブしているので，光はレンズを通る位置によって屈折角が変わり，レンズの反対側の**焦点**という1点に集まります。焦点はレンズの両側にあります。

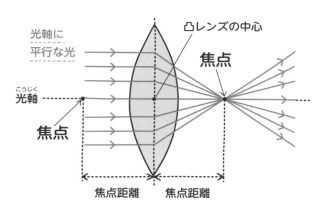

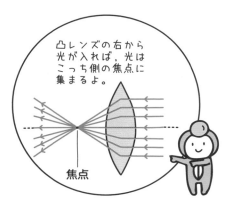

　凸レンズを通る光の進み方は，下の3パターンです。これから作図などでよく使うので，覚えておきましょう。

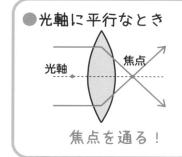

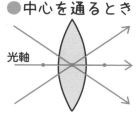

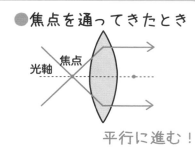

1章
2章
3章　現象　身のまわりの
4章

1 次の凸レンズについて，A〜Dにあてはまる語句を答えましょう。

A 〔　　　　　　　　〕　　B 〔　　　　　　　　〕

C 〔　　　　　　　　〕　　D 〔　　　　　　　　〕

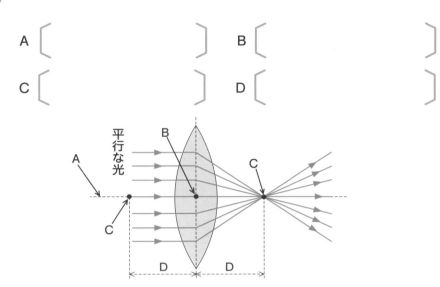

2 次の①〜③の凸レンズを通る光の道すじを，下に作図しましょう。

① 物体のA点から，光軸に平行に進んで凸レンズを通過する光（――― に続けてかきましょう。）

② 物体のA点から，凸レンズの中心を通って凸レンズを通過する光

③ 物体のA点から，凸レンズの左側の焦点を通って凸レンズを通過する光

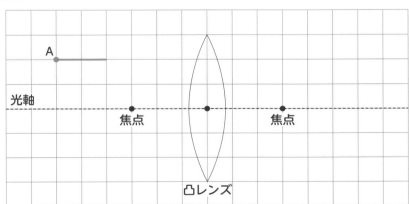

😀 **2** 焦点の外側にあるA点から出た3本の光は，凸レンズの反対側で1点に交わる。2本の光の線が引ければ，2本が交わった点から3本目を逆向きに引くこともできる。

33 凸レンズがつくる逆さまの像

実像

凸レンズをはさんで物体の反対側にスクリーンを置くと、物体から出た光が凸レンズを通って、スクリーンに上下左右が逆向きの像ができます。

この像は、実際に光が集まってできているので、実像といいます。

物体
実像

実像の大きさは、物体を置く位置で決まります。

焦点距離の2倍の位置に物体を置くと、レンズの反対側のちょうど焦点距離の2倍の位置に同じ大きさの実像ができます。

物体が焦点の上から凸レンズの間にあるときは、実像はできません。

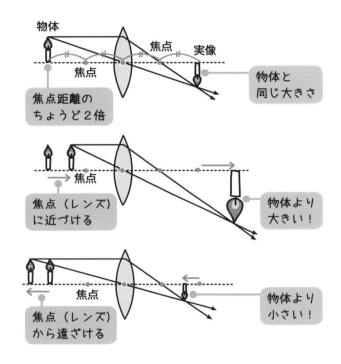

物体

焦点
焦点
実像

焦点距離のちょうど2倍

物体と同じ大きさ

焦点
焦点（レンズ）に近づける

物体より大きい！

焦点
焦点（レンズ）から遠ざける

物体より小さい！

実像の作図は、よく出される問題です。ためしに、自分の好きな物体とレンズを紙にかいて、次の順序で線を引いてみましょう。

【実像のかき方】

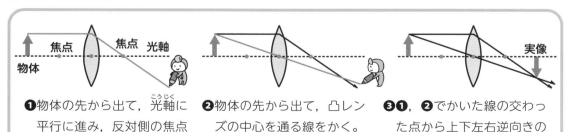

焦点　焦点　光軸

物体

❶物体の先から出て、光軸に平行に進み、反対側の焦点を通る線をかく。

❷物体の先から出て、凸レンズの中心を通る線をかく。

実像

❸❶、❷でかいた線の交わった点から上下左右逆向きの実像をかく。

基 本 練 習

→ 答えは別冊10ページ

1 (1)は〔　〕にあてはまる語句を書き，(2)・(3)は正しいものを○で囲みましょう。

(1) 物体を凸レンズの焦点の外側に置いて，凸レンズの反対側にスクリーンを置くと，スクリーンに像が映る。この像を，〔　　　　　　　　〕という。

(2) (1)の像は，物体とは〔　上下だけ・左右だけ・上下左右　〕が逆向きである。

(3) (1)の像の大きさは，物体を焦点距離の２倍の位置に置くと，物体の大きさと比べて〔　大きく・小さく・同じに　〕なり，物体を焦点（レンズ）から遠ざけるほど〔　大きく・小さく　〕なる。

2 下の図の物体（↑）の実像を，次の手順で作図しましょう。

① 物体のA点から，光軸に平行に進んで凸レンズを通過する光の線を───の線に続けてかきましょう。

② A点から，凸レンズの中心を通る光の線をかきましょう。

③ ①，②の交点に，物体の実像をかきましょう。

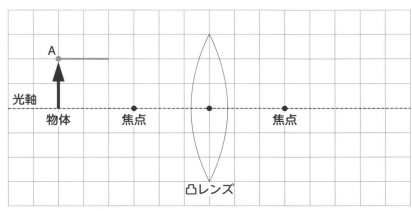

2 物体のA点から出て手前の焦点を通り，凸レンズで光軸に平行に進む光の線も同じ交点で交わる。これら３本の線のうち，どれか２本をかけば，実像の位置が求まる。

34 虚像 凸レンズがつくる大きな像

凸レンズがつくる像は実像だけではありません。虫眼鏡で拡大されて見えるのも像です。

この像は，実際に光が集まって何かに映るような像ではなく，見かけの像です。そのため，「実像」の反対の意味で虚像といいます。鏡に映る像もスクリーンに映せないので，虚像です。

虚像が見えるのは，物体が焦点とレンズの間にあるときだけです。実像とちがい，もとの物体と同じ向きで物体より大きな像です。物体から出る光を逆に延長した方向に見えます。

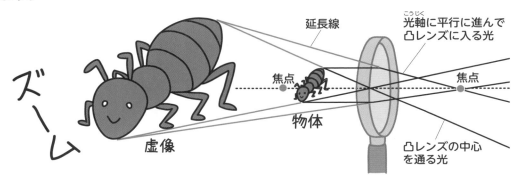

虚像の作図も，よく出される問題です。実像を作図するときの光の線を逆にたどれば，虚像のできる位置と大きさがわかります。慣れるまで，練習しておきましょう。

【虚像のかき方】

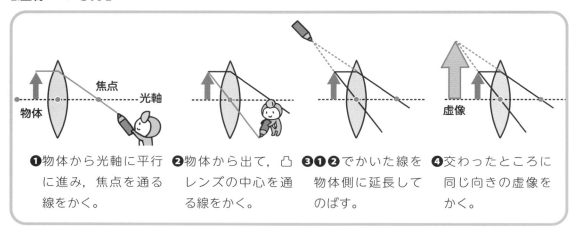

❶物体から光軸に平行に進み，焦点を通る線をかく。

❷物体から出て，凸レンズの中心を通る線をかく。

❸❶❷でかいた線を物体側に延長してのばす。

❹交わったところに同じ向きの虚像をかく。

078

1章

2章

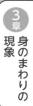
3章 身のまわりの現象

4章

1 (1)は〔　〕にあてはまる語句を書き，(2)は正しいものを○で囲みましょう。

(1) 物体を凸レンズの焦点の内側に置いて，物体の反対側から凸レンズをのぞくと像が見える。この像を〔　　　　　　〕という。

(2) (1)の像の向きは，物体と〔　同じ・左右が逆・上下が逆　〕で，大きさは，物体と比べて〔　小さい・大きい・同じ　〕。

2 下の図の物体（↑）の虚像を，次の手順で作図しましょう。

① 物体のA点から，光軸に平行に進んで凸レンズを通過する光の線を――――の線に続けてかきましょう。

② A点から，凸レンズの中心を通る光の線をかきましょう。

③ ①，②でかいた線を，凸レンズの物体側にのばしましょう。

④ ③の線が交わったところに，虚像をかきましょう。

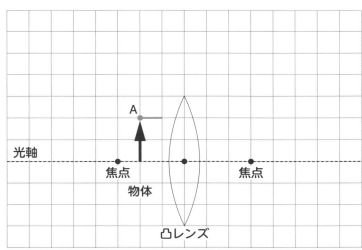

ポイント **2** よく出される問題なので練習しておこう。A点などが示されていなくても，物体の上端や下端から出る光の線を逆に延長すると，虚像の上下の位置がわかる。

復習テスト ④

答えは別冊17ページ

得点 ／100点

3章 身のまわりの現象

1 図は，空気中から水中に向かって進む光のようすを表しています。次の問いに答えましょう。　【各5点　計30点】

(1) 図のア～ウで，反射光(はんしゃこう)を表しているのはどれですか。　〔　　　　　〕

(2) 図のa～fの角で，入射角(にゅうしゃかく)を表しているのはどれですか。　〔　　　　　〕

(3) 図のa～fの角で，屈折角(くっせつかく)を表しているのはどれですか。　〔　　　　　〕

(4) 図のcの角と大きさが等しい角はどれですか。　〔　　　　　〕

(5) 図のbとfの角の間に，常に成り立っている関係は何ですか。次から選びましょう。　〔　　　　　〕

　ア　b＞f　　イ　b＜f　　ウ　b＝f

(6) 図のイの光とは逆向きの道すじで，水中から空気中へ光を入射したとき，入射角となるのはa～fのどれですか。　〔　　　　　〕

2 図は，立てた鏡を真上から見たようすで，O点は目の位置，A～Fの点は立てた旗の位置を表しています。ただし，旗は目の位置と同じ高さとします。次の問いに答えましょう。　【各10点　計20点】

(1) O点から鏡を見ると，E点に立てた棒(ぼう)が鏡に映って見えました。E点から出た光がO点に届くまでの道すじを図にかき入れましょう。

(2) O点から鏡を見たとき，A～F点で鏡に映って見えない点はどれですか。すべて答えましょう。　〔　　　　　〕

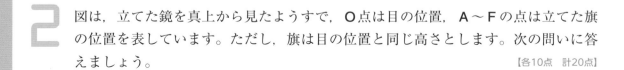

080

3

図のように，凸レンズをはさんで「P」の字の物体とスクリーンを置き，物体やスクリーンを動かして，スクリーンに物体の像がはっきり映る位置を測定しました。次の問いに答えましょう。　　　　　　　　　　　　　　　　　【各5点　計25点】

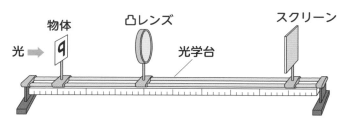

(1) スクリーンを凸レンズ側から見たとき，スクリーンに映った像として正しいものはどれですか。　　　　　　　　　　　　　　　　　　　　　　　〔　　　　　　〕

ア **P**　　イ **d**　　ウ **q**　　エ **b**

(2) スクリーンにはっきり映った像を何といいますか。　〔　　　　　　　〕

(3) 物体と同じ大きさの像が映ったとき，物体から凸レンズまでの距離と凸レンズからスクリーンまでの距離は同じで20 cmでした。この凸レンズの焦点距離は何cmですか。
　　　　　　　　　　　　　　　　　　　　　　　　　　〔　　　　　　　〕

(4) (3)のあと，物体の位置を凸レンズから遠ざけていくと，スクリーンにはっきり映る像の大きさとそのときの凸レンズからスクリーンとの距離はどうなりますか。
　　〔　　　　　　　　　　　　　　　　　　　　　　　　　　　　　　　　〕

(5) (3)のあと，物体の位置を凸レンズに近づけていくと，ある位置からスクリーンに像ができなくなりました。ある位置とは凸レンズから何cmの位置ですか。
　　　　　　　　　　　　　　　　　　　　　　　　　　〔　　　　　　　〕

4

次の凸レンズによる像を作図しましょう。　　　　　【(1)・(2)各10点 (3)5点　計25点】

(1) 凸レンズによってできる物体Aの像をかき入れましょう。

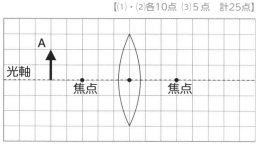

(2) 凸レンズをはさんで，物体Bの反対側から見える像をかき入れましょう。

(3) (2)の像を何といいますか。
　　　　　　　　　　　〔　　　　　　　〕

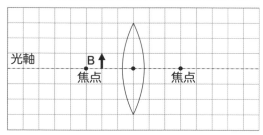

081

35 音の性質 「聞こえる」ってどういうこと?

人の声，鳥のさえずり，自転車のベル…
わたしたちのまわりには音があふれています。
音を出すもの１つ１つを**音源**といいます。

音源になるたいこをたたくと，ドンという音
と同時に，たいこの表面はふるえています。１
つ１つの音源は，ふるえて**振動**することで音を
出しているのです。

音源の振動はまわりの空気を振動させて，波のように広がっていきます。そして耳ま
で届きます。すると耳の**鼓膜**も振動して，わたしたちの脳が音として感じるのです。

【音の伝わり方】

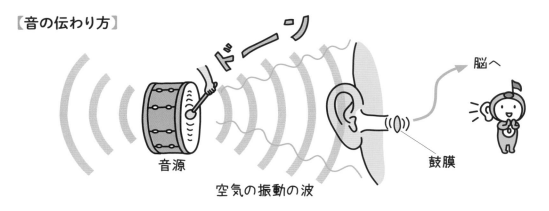

音源　　空気の振動の波　　鼓膜　　脳へ

音にも伝わる速さがあります。空気
中を伝わる音は，１秒間に約340 m
(秒速340 m)の速さです。光と比べて
ずっと遅いため，花火が見えてから音
が聞こえるまで，しばらく時間がかか
ります。

【音の速さ】

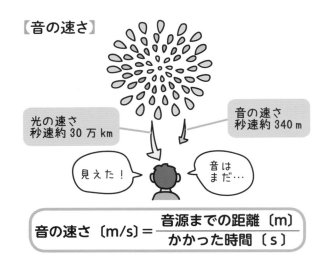

光の速さ
秒速約30万 km

音の速さ
秒速約340 m

見えた！

音は
まだ…

音は，水などの液体や金属などの固
体の中も伝わります。空気中よりも液
体や固体の中の方が速く伝わります。

$$音の速さ〔m/s〕 = \frac{音源までの距離〔m〕}{かかった時間〔s〕}$$

基本練習

→ 答えは別冊10ページ

1 〔　〕にあてはまる語句を書きましょう。

(1) たいこをたたいたときに音が聞こえるのは，たいこの表面が

〔　　　　　　　　〕して，まわりの空気を〔　　　　　　　　〕させ，それが

波のように伝わって耳の〔　　　　　　　　〕をふるわせるからである。

たいこのように音を出すものを〔　　　　　　　　〕という。

(2) 音の速さと音源までの距離は，次の式で求められる。

$$音の速さ〔m/s〕 = \frac{音源までの〔　　　　　　　〕〔m〕}{かかった〔　　　　　　　〕〔s〕}$$

音源までの距離〔m〕 = 〔　　　　　　　〕〔m/s〕× かかった時間〔s〕

2 花火の打ち上げ場所から850 m離れたところで見物していると，花火が見えてから2.5秒後に音が聞こえました。このとき，音の速さは何m/sですか。

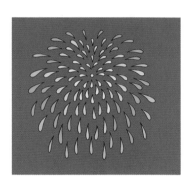

〔　　　　　　　　〕

3 Aさんが花火を見物していると，花火が見えてから1.6秒後に音が聞こえました。Aさんがいる場所から花火の打ち上げ場所までの距離はどのくらいですか。ただし，音の速さを340 m/sとします。

〔　　　　　　　　〕

 **2** 音の速さは，気温によって変化する。必ず340 m/sになるとはかぎらないので，340 m/sと暗記するのではなく，出された条件で計算して求めよう。

36 音の大きさと高さ
振幅と振動数

大きな音を出したいとき，ドラムなら強くたたく，ギターなら弦を強くはじくようにしますね。大きな振動を加えると，大きな音が出ます。

弦などの振動の振れ幅を振幅といいます。振幅が大きいほど音は大きく，振幅が小さいほど音は小さくなります。

【音の大きさと振幅】

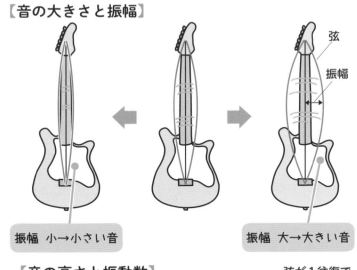

振幅 小→小さい音

振幅 大→大きい音

弦

振幅

高い音を出したいときには，弦を短くしたり，細くしたり，強く張ったりしてはじくと，高い音が出ます。このとき弦は，速く振動して，１秒間に振動する回数が多くなっています。弦が１秒間に振動する回数を振動数といいます。振動数の単位はヘルツ（Hz）です。

【音の高さと振動数】

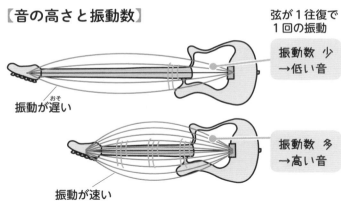

弦が１往復で
１回の振動

振動が遅い

振動数 少
→低い音

振動が速い

振動数 多
→高い音

振動数が多いほど音は高く，少ないほど音は低くなります。

オシロスコープを使うと，音が波の形で表され，振幅や振動数を比べやすくなります。

【オシロスコープの波形】

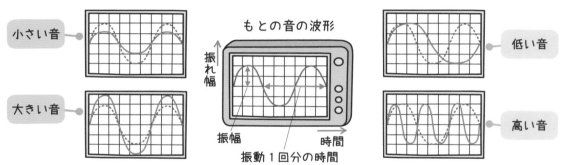

小さい音

大きい音

もとの音の波形

振れ幅

振幅

振動１回分の時間

時間

低い音

高い音

基本練習

→ 答えは別冊10ページ

1 (1)は〔 〕にあてはまる語句を書き，(2)・(3)は正しい方を○で囲みましょう。

(1) 音源の振動の振れ幅を⑦〔　　　　　　　　　　〕といい，1秒間に振動する回

数を④〔　　　　　　　　〕という。

(2) ① 大きい音と小さい音を比べると，小さい音は(1)の⑦が

〔　大きい・小さい　〕。

② 高い音と低い音を比べると，高い音は(1)の④が〔　多い・少ない　〕。

(3) 弦をはじいて音を出すとき，より高い音を出す場合には，

より〔　長い・短い　〕弦を使うか，より〔　細い・太い　〕弦を使うか，

より〔　強く・弱く　〕張った弦を使う。

2 図のア～エは，オシロスコープで観察した4種類の音の波形です。次の
問題に答えましょう。

(1) アと同じ大きさの音はどれ
ですか。

〔　　　　　　　〕

(2) エよりも高い音はどれです
か。

〔　　　　　　　〕

ア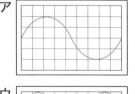
イ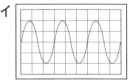
ウ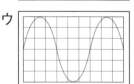
エ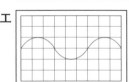

3 ある音の波形をコンピュータで調べたところ，1回の振動の時間が0.01
秒でした。この音の振動数は何Hzですか。〔　　　　　　　〕

😊 **ポイント** **2** 波形の見方に慣れておこう。縦の振れ幅が振幅で，大きいほど音が大きい。横の波の数
が振動数で，多いほど音が高い。

37 「力」って何種類もあるの？

　押したり引いたり，人が物体に加える力だけが力ではありません。理科でいう力には，いくつかあります。

　地球の中心に向かってすべての物体が引っ張られる力（**重力**），面の上の物体を面が垂直に押し返す力（**垂直抗力**），ゴムなどの変形したものがもとにもどろうとする力（**弾性力**（弾性の力）），物体どうしがこすれて生じる力（**摩擦力**（摩擦の力）），磁石の極にはたらく力（**磁力**（磁石の力）），静電気が髪の毛を引きつけたりする力（**電気力**（電気の力））があります。

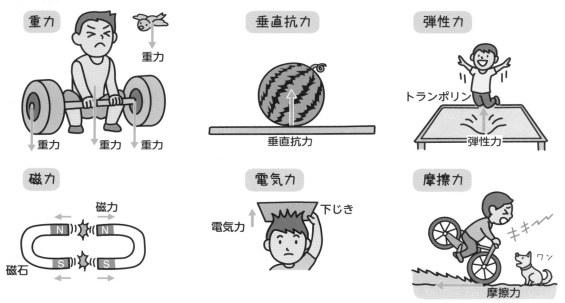

　物体に力を加えるとき，力は次のうちのどれかのはたらきをします。

【力のはたらき】

❶物体を支える。　❷物体の形を変える。　❸物体の動き(速さや向き)を変える。

　例えば，手の上のボールは手に支えられ，ボールを打てばボールは一瞬変形し，ちがう方向に飛んでいきます。

基 本 練 習

→ 答えは別冊11ページ

1 次の力は，それぞれ何という力ですか。あとの ☐☐☐☐ の中から選んで書きましょう。

(1) すもう取りが押されてすべっているとき，足のすべる向きと逆向きにはたらく力。 〔　　　　　〕

(2) N極の針がいつも北を指すように，方位磁針にはたらく力。 〔　　　　　〕

(3) 天井からライトがつり下げられているときの，ライトにはたらく力。 〔　　　　　〕

(4) 棒高跳びの棒が大きくしなって曲がったときに，棒がもとにもどろうとする力。 〔　　　　　〕

| 弾性力 | 電気力 | 重力 | 垂直抗力 | 磁力 | 摩擦力 |

2 次の___の物体にはたらいた力は，あとのA～Cのどの力のはたらきにあてはまりますか。

(1) 飛んできたボールを，ラケットで打ち返した。 〔　　　　　〕

(2) 両手で，ダンボール箱を持ち上げた。 〔　　　　　〕

(3) 魚がかかったつりざおが，大きく曲がった。 〔　　　　　〕

| A　物体を支える。 | B　物体の形を変える。 |
| C　物体の動き（速さや向き）を変える。 | |

😊🐧 **1** (2) 方位磁針は小さな磁石であり，地球も大きな磁石である。方位磁針のN極と地球のS極が引きあって磁針の針はいつも同じ方位を指している。

38 力の表し方 矢印を使った力の表し方

力がどのようにはたらいているか，目に見える形で表すには，矢印を使います。1つの力を1本の矢印で表します。

矢印の始まりの●は力がはたらく点（<ruby>作用点<rt>さようてん</rt></ruby>），矢印の先端が力の向き，矢印の長さが力の大きさを表します。力によって，作用点の位置と矢印の向きがちがいます。

【力の表し方】

作用点
重力
手が網をもつ力
ひもが天井を引く力
大きさ
力の向き
手が押す力
物体がひもを引く力

重力の作用点は
物体の中心にします。

力を矢印で表すのに，求めなくてはいけないのが力の大きさです。力を表す単位は，**ニュートン（N）**です。およそ100gの物体にかかる重力の大きさが1Nです。

> ### 1N＝約100gの物体にはたらく重力の大きさ

だいたいキュウリ1本，ミカン1個，イワシ1ぴきくらいの重さが1Nですね。3kg(3000g)のスイカなら，重力の大きさは30Nです。

では，力の矢印のかき方のルールを覚えましょう！

ルール1	1つの力は1本の矢印で。
ルール2	矢印の長さは力の大きさに比例。※右図では1マスを1Nとします。
ルール3	作用点は面の中心や物体の中心に。

面の中心に作用点
2Nの力で押す
物体の中心に作用点
100gのみかんの重力
200gのりんごの重力

基 本 練 習

答えは別冊11ページ

1 〔　〕にあてはまる語句を書きましょう。

(1) 右の図は，物体を押す指の力を表している。
矢印の始まりの**ア**の点（●）は，力がはたらく

点で〔　　　　　　　〕という。

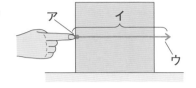

(2) 右の図の**イ**は，力の〔　　　　　　　〕，**ウ**は，力の〔　　　　　　　〕

を表している。

(3) １Nは約〔　　　　　　　〕gの物体にはたらく〔　　　　　　　〕の大

きさである。

2 １Nを１cmとして，力を表す矢印をかきましょう。ただし，図の１マス
の幅を0.5cmとします。

(1) １Nの箱の重力

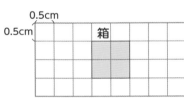

(2) ２Nの力で箱を押す力

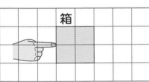

(3) 箱をひもが引く0.5Nの力

2 まず力がはたらいている作用点を見つけよう。重力だけは物体の中心なので注意。次に，
物体がどちら向きに引かれているか，押されているかで向きを考えよう。

39 重さと質量 単位の「ニュートン」って何?

ニュートンは，有名なイギリスの科学者です。リンゴが落ちるのを見て，万有引力の法則を発見したといわれている人です。この法則に興味があれば，調べてみましょう！

もちろん，力の単位ニュートン（N）は，その名にちなんでつけられています。

ミカン
100 g

200 g

重力の
大きさ
＝重さ
＝1 N

重力の
大きさ
＝重さ
＝2 N

地球

約100 gの物体にはたらく重力の大きさが1 Nです。この重力の大きさこそ，わたしたちが重さとよんでいるものです。

重力は地球が中心に向かって物体を引っ張る力です。そのため，地球以外の場所では，引っ張る力が変わり，同じ物体でも重力の大きさが変わります。月では，重力が地球の約$\frac{1}{6}$になります。

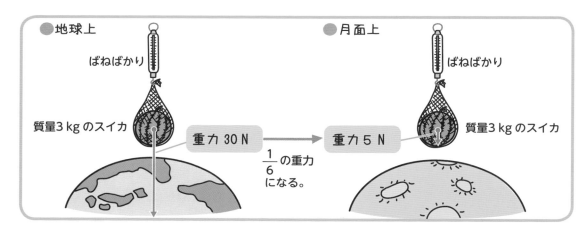

●地球上

ばねばかり

質量3 kg のスイカ

重力 30 N

$\frac{1}{6}$の重力になる。

重力 5 N

●月面上

ばねばかり

質量3 kg のスイカ

一方，物体そのものは，地球でも月でも変化するわけではありません。この，どこでも変化しない物体そのものの量が，g や kg で表される質量です。

重さ（重力の大きさ）はばねばかりで，質量は重力が関係しない上皿てんびんではかります。

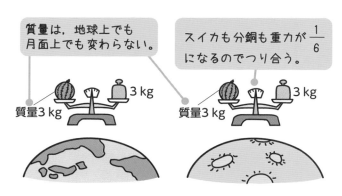

質量は，地球上でも月面上でも変わらない。

スイカも分銅も重力が$\frac{1}{6}$になるのでつり合う。

質量3 kg   3 kg

質量3 kg   3 kg

1 (1)・(2)は〔　　　〕にあてはまる語句を書き，(3)・(4)は正しい方を〇で囲みましょう。

(1)　力の大きさの単位Nは，〔　　　　　　　　　　　　　〕と読む。

　　　約〔　　　　　　　　　　　　　〕gの物体にはたらく重力の大きさが1 Nである。

(2)　gやkgの単位で表される物体そのものの量を〔　　　　　　　　　　　　〕という。

(3)　重力の大きさは，〔　上皿てんびん・ばねばかり　〕ではかることができる。また，質量は，〔　上皿てんびん・ばねばかり　〕ではかることができる。

(4)　地球上では月面上の約6倍になるのが〔　質量・重力　〕で，地球上でも月面上でも変わらないのが，〔　質量・重力　〕である。

2 質量100 gの物体にはたらく重力の大きさを1 N，月面上の重力の大きさを地球上の$\frac{1}{6}$として，次の問題に答えましょう。

(1)　地球上で，質量1.7 kgの物体にはたらく重力の大きさは何Nですか。

〔　　　　　　　　　　　　　〕

(2)　地球上で，8 Nの重力がはたらく物体の質量は何gですか。

〔　　　　　　　　　　　　　〕

(3)　月面上で，質量540 gの物体にはたらく重力の大きさは何Nになりますか。

〔　　　　　　　　　　　　　〕

ミス
注意　理科では，質量と重さ(重力の大きさ)の使いわけに気をつけよう。質量にはg・kgの単位，重力の大きさ(重さ)にはNの単位がつくことを忘れずに。

40 力とばねののび
力が2倍でのびも2倍!

　重さをはかるときには，ばねばかりを使います。ばねは，引く力が大きくなると，その分長くのびます。ばねばかりは，この性質を利用した道具なのです。

　ばねののびは，ばねを引く力の大きさに比例します。この関係を**フックの法則**といいます。フックはイギリスの科学者です。

　ここでは，フックの法則を使って，例題を解いてみましょう。

【力の大きさとばねののび】

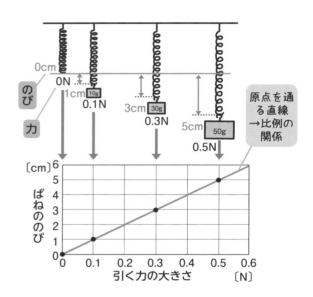

【例題】　ばねののびと力の大きさの関係を調べたら，右のグラフのようになりました。このばねに50 gのおもりをつるすと，ばねののびは何cmになりますか。100 gの物体にはたらく重力の大きさを1 N〔ニュートン〕とします。

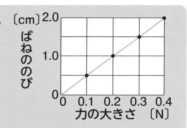

【解き方】

50 gのおもりにはたらく重力は，❶[　　　　]N。

フックの法則より，ばねののびは，ばねに加える力に❷[　　　　]する。

求めるばねののびを x cmとすると，グラフより0.2 Nで1.0 cmのびているので，比例式は，次のように書ける。

0.2 N：❸[　　　　]N=❹[　　　　]cm：x cm

x=❺[　　　　]〔cm〕

> フックの法則を発見したフックは，ニュートンのライバルだったんだよ。

〔答え〕❶ 0.5　❷ 比例　❸ 0.5　❹ 1.0　❺ 2.5

1章
2章
3章 身のまわりの現象
4章

1 〔 　 〕にあてはまる語句を書きましょう。

ばねを引く力の大きさとばねののびは〔　　　　　　　　　〕する。この関係

を〔　　　　　　　　　〕の法則という。

2 ばねののびと力の大きさの関係を調べたら，右のグラフのようになりました。次の問題に答えましょう。

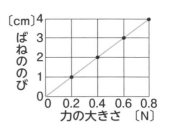

(1) このばねが6 cmのびたとき，ばねに加えた力は何Nですか。 〔　　　　　　　　〕

(2) このばねに50 gのおもりをつるすと，ばねののびは何cmになりますか。ただし，100 gの物体にはたらく重力の大きさを1 Nとします。

〔　　　　　　　　〕

3 ばねののびと力の大きさの関係を調べたら，下の表のようになりました。あとの問題に答えましょう。

力の大きさ〔N〕	0.1	0.2	0.3	0.4	0.5
ばねののび〔cm〕	0.6	1.2	㋐	2.4	3.0

(1) 表の㋐にあてはまる数は何ですか。 〔　　　　　　　　〕

(2) このばねにおもりをつるしたところ，ばねののびが3.9 cmになりました。つるしたおもりは何gですか。ただし，100 gの物体にはたらく重力の大きさを1 Nとします。

〔　　　　　　　　〕

😊 ミス注意 ばねののびが比例するのは，おもりの質量ではなく重力。おもりの質量をNに変換して計算しよう。また，ばねののびは，ばね全体の長さではないことに注意しよう。

41 力のつり合い 「力がつり合う」ってどういうこと？

　左右から逆向きの同じ力で押したり引いたりすると，物体は動きません。2つ以上の力が物体に加わっても動かないとき，それらの力は「**つり合っている**」といいます。

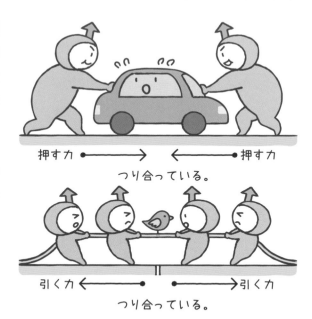

押す力 ➡　　　⬅ 押す力

つり合っている。

引く力 ⬅　　　➡ 引く力

つり合っている。

　1つの物体にはたらく2つの力が「つり合う」ときは，次の3つの条件がそろったときです。

❶　2つの力の大きさが等しい。

❷　2つの力の向きが反対。

❸　2つの力が一直線上。

　止まって動かないでいる物体には，力がはたらいていないように見えますが，すべての物体には重力などがはたらいているので，それらとつり合うほかの力が，かならずはたらいています。あなたのまわりでも，つり合っている2つの力をさがしてみましょう！

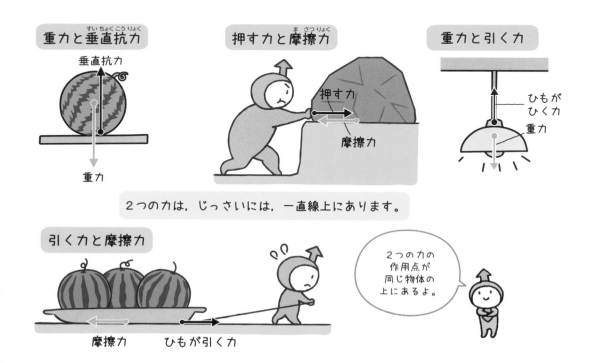

重力と垂直抗力
垂直抗力

重力

押す力と摩擦力
押す力

摩擦力

重力と引く力
ひもが
ひくカ

重力

2つの力は，じっさいには，一直線上にあります。

引く力と摩擦力
摩擦力　　ひもが引く力

2つの力の作用点が同じ物体の上にあるよ。

1章

2章

3章
身のまわりの現象

4章

1 〔　　〕にあてはまる語句を書きましょう。

(1)　１つの物体に２つ以上の力がはたらいていても，物体が静止しているとき，

物体にはたらく力は，〔　　　　　　　　　　　　　〕いる。

(2)　２つの力がつり合う条件は，

①　２つの力の〔　　　　　　　　　　　〕が等しい。

②　２つの力の〔　　　　　　　　　　　〕が反対である。

③　２つの力は〔　　　　　　　　　　　〕にある。

2 次の図の物体には，２つの力がはたらいてつり合っています。──→の矢
印とつり合っているもう１つの力をかき入れましょう。

(1)

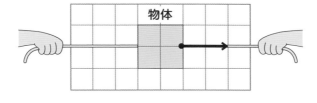

(2)

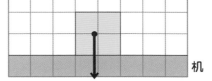

(3)

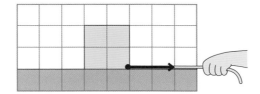

😊 ミス注意　**2** つり合う２つの力は，必ず同じ物体にはたらく。作用点２つが同じ物体上にあるか確認
しよう。

→ 答えは別冊18ページ

得点

／100点

1

図は，オシロスコープを使って表された音の波形です。次の問いに答えましょう。

【(1)・(2)各5点 (3)10点　計20点】

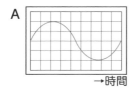

A

→時間

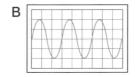

B

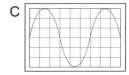

C

(1)　図の A ～ C で，最も大きい音はどれですか。　　　　　　　　〔　　　　　〕

(2)　図の A ～ C を，音の高い順に並べるとどうなりますか。　〔　　→　　→　　〕

(3)　図の C の波が1回振動（1往復）するのにかかった時間が0.005秒だとすると，C の音の振動数は何Hzですか。　　　　　　　　　　　〔　　　　　〕

2

A さんと B さんは，それぞれ別の場所で花火を見ています。次の問いに答えましょう。ただし，音の速さを340 m/sとします。

【(1)・(2)各10点 (3)・(4)各5点　計30点】

(1)　A さんは，遠くの花火の打ち上げ場所で花火が開くのを見てから2.1秒後に音が聞こえました。A さんのいるところから花火の打ち上げ場所までの距離は何mありますか。

〔　　　　　〕

(2)　B さんは，花火の打ち上げ場所から1.2 km離れた場所で見ています。花火が開いてから音が聞こえるまで何秒かかりますか。小数第2位を四捨五入して小数第1位まで求めましょう。　　　　　　　　　　　　　〔　　　　　〕

(3)　花火のように音を出しているものを何といいますか。

〔　　　　　〕

(4)　花火が開くのが見えてから音が遅れて聞こえるのはなぜですか。その理由を簡単に書きましょう。

〔

3

力について，次の問いに答えましょう。ただし，質量100 gの物体にはたらく重力の大きさを1 Nとします。

【各5点 計20点】

(1) 1 Nを1 cmとして，力を表す矢印をかき入れましょう。（図の1目盛りは0.5 cm）

① 物体を1.5 Nの力で押す力 ② 物体にはたらく1.0 Nの重力

(2) 次の力の大きさや質量を答えましょう。

① 質量750 gの物体にはたらく重力の大きさは何Nですか。 〔　　　　　　〕

② 13 Nの重力がはたらく物体の質量は何kgですか。 〔　　　　　　〕

4

もとの全体の長さが10 cmのばねを使って，ばねののびと力の大きさの関係を調べたら，グラフのようになりました。次の問いに答えましょう。ただし，質量100 gの物体にはたらく重力の大きさを1 Nとします。

【(1)5点 (2)10点 計15点】

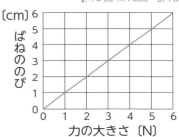

(1) このばねを7 Nの力で引いたとき，ばねののびは何cmになりますか。 〔　　　　　　〕

(2) このばねに，質量200 gのおもりをつるすと，ばね全体の長さは何cmになりますか。

〔　　　　　　〕

5

力のつり合いについて，次の問いに答えましょう。

【各5点 計15点】

(1) 次のア～エのうち，物体にはたらく2つの力がつり合っているものはどれですか。

〔　　　　　　〕

ア 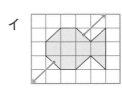 イ 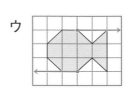 ウ エ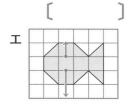

(2) 次の物体にはたらいてつり合っている力X，Yをそれぞれ何といいますか。

① 〔　　　　　　〕 ② 〔　　　　　　〕

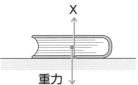

地層のしま模様はどうしてできるの？

道路沿いのがけで，しましま模様を見たことがあります
か？ あのしましまは，土砂が海底などに積み重なってで
きた**地層**が，地上に現れたものです。

しましまー

山の岩石は，長い年月の間にくずれて土砂になり，川に
運ばれて海底に積もり，地層をつくります。
　岩石がくずれていく現象を**風化**，土砂が流水にけずりとられることを**侵食**，運ばれる
ことを**運搬**，積もることを**堆積**といいます。

【地層ができるまで】

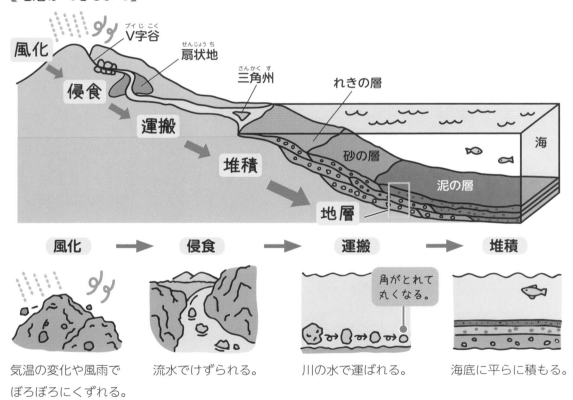

風化	侵食	運搬	堆積

気温の変化や風雨で
ぼろぼろにくずれる。

流水でけずられる。

角がとれて
丸くなる。
川の水で運ばれる。

海底に平らに積もる。

　土砂の中の**れき・砂・泥**は，粒の大きいものほど速く沈む
ので，れきは河口近くに，泥は沖の方に沈みます。また，土
砂はくり返し堆積するので，下の地層ほど古い層になります。
地層のしま模様は，粒の大きさのちがいがつくっていたのです。

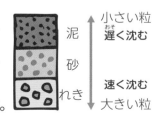
小さい粒
遅く沈む
泥
砂
れき
速く沈む
大きい粒

基本練習

→ 答えは別冊12ページ

1 次の(1)〜(4)に答え，(5)は正しいものを○で囲みましょう。

(1) 地表の岩石は，気温の変化や風雨などのはたらきによって，もろくなって
くずれていく。このことを何といいますか。 〔　　　　　　　　〕

(2) もろくなった岩石は，水によってけずりとられる。このことを何といいま
すか。 〔　　　　　　　　〕

(3) けずりとられた岩石は，川の水によって運ばれる。このことを何といいま
すか。 〔　　　　　　　　〕

(4) 川の水によって運ばれた土砂は，海底などに積もる。このことを何といい
ますか。 〔　　　　　　　　〕

(5) 土砂が海底に積もるとき，粒の大きいものは〔　速く・遅く　〕沈み，

河口〔　に近い・から遠い　〕ところに積もる。

2 図は，海底などに土砂が堆積する
ようすを表しています。次の問題
に答えましょう。

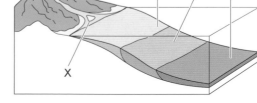

(1) 図の A 〜 C は，泥・れき・砂の
うち，それぞれ何を表していますか。

A 〔　　　　　〕　　B 〔　　　　　〕　　C 〔　　　　　〕

(2) 図の X は，河口付近で土砂が堆積してできたものです。X を何といいます
か。下の▢▢▢から選びましょう。 〔　　　　　　　　〕

三角州　　扇状地　　Ｖ字谷

😀 ミス注意 三角州は河口付近に土砂が堆積した三角形の地形。扇状地は川が山地から平地に出たところ
に土砂が堆積した扇形の地形。Ｖ字谷は上流で川底が侵食されたＶ字形の深い谷。

43 堆積岩 押し固められてできる岩石

　海や湖の底に積もってできた地層は，長い間にその上の層の重みで押され，固められて岩石になります。こうして堆積したものからできた岩石を，**堆積岩**といいます。

　堆積岩は，岩石をつくる粒の大きさで，**泥岩**，**砂岩**，**れき岩**に分けられ，堆積したものの種類によって，**凝灰岩**，**石灰岩**，**チャート**に分けられます。

岩石化！

【泥・砂・れきの粒でできた岩石】

泥岩
粒の直径
0.06 mm以下

砂岩
粒の直径
0.06～2 mm

れき岩
粒の直径
2 mm以上

地層の重なる順はさまざま

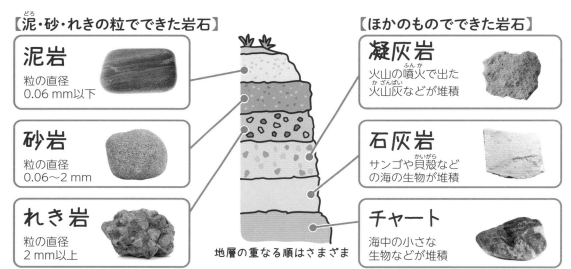

【ほかのものでできた岩石】

凝灰岩
火山の噴火で出た
火山灰などが堆積

石灰岩
サンゴや貝殻など
の海の生物が堆積

チャート
海中の小さな
生物などが堆積

　泥岩，砂岩，れき岩の粒は，川に運搬される間に角がとれて，丸みを帯びています。一方，凝灰岩の粒は，火山灰が降ったまま固まっているので，角ばっています。

　石灰岩とチャートは，海の生物の死がいが海底に積もってできた岩石です。うすい塩酸をかけると，石灰岩は二酸化炭素を発生しますが，チャートは何も発生しません。

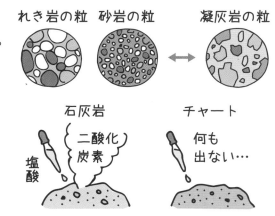

れき岩の粒　砂岩の粒　凝灰岩の粒

石灰岩
二酸化
炭素
塩酸

チャート
何も
出ない…

1 次の文の〔　　〕にあてはまる語句を書きましょう。

土砂や火山灰などが，上に積もった地層の重みで押されて固まってできた，

地層をつくっている岩石を〔　　　　　　　　　　　　　　〕という。

2 下の表のように，岩石を分類しました。次の問題に答えましょう。

(1) 表のA〜D，Fにあてはまる岩石名を書きましょう。

A〔　　　　　　　　　　〕　　B〔　　　　　　　　　　〕

C〔　　　　　　　　　　〕　　D〔　　　　　　　　　　〕

F〔　　　　　　　　　　〕

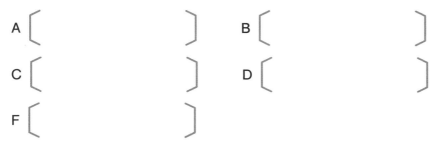

分類方法	粒の大きさで分類			堆積物の種類で分類		
堆積物	れき	砂	泥	サンゴなどの死がい	海中の小さな生物の死がい	火山灰
岩石	A	B	C	D	E（チャート）	F

(2) うすい塩酸をかけると二酸化炭素が発生するのは，D，Eのどちらですか。

〔　　　　　　　〕

3 図は，A，B2種類の堆積岩をルーペで見たようすです。土砂が川に運搬されて堆積してできた岩石はA，Bのどちらですか。

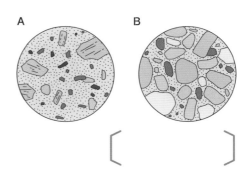

A　　　　　B

〔　　　　　　　〕

😊 ミス注意　**2** D，Eは海中の生物の死がいからできている点は同じだが，塩酸と反応するのはDの石灰岩だけ。**3** Bの粒が丸みを帯びているのは，流水に運搬されたときに角がけずられたから。

44 化石 化石から何がわかるの？

　恐竜など，大昔の生物の死がいや生活の跡が地層の中にうまると，長い年月の間に化石になります。

　サンゴのように，限られた環境にいる生物の化石が見つかると，その地層ができた当時の環境がわかります。このような化石を示相化石といいます。

【示相化石】

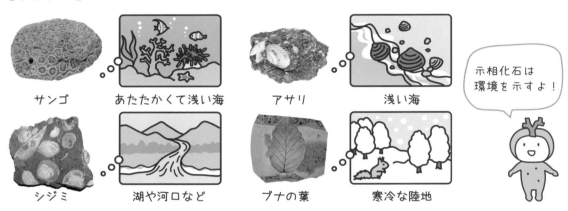

サンゴ	あたたかくて浅い海
アサリ	浅い海
シジミ	湖や河口など
ブナの葉	寒冷な陸地

示相化石は環境を示すよ！

　恐竜のように，限られた時代の広い範囲で栄えた生物の化石が見つかると，地層ができた時代を知る手がかりになります。このような化石を示準化石といいます。

　地球の時代は，**古生代**，**中生代**，**新生代**と，化石などをもとに生物の種類の移り変わりを区分けした**地質年代**で区分されています。

【示準化石】

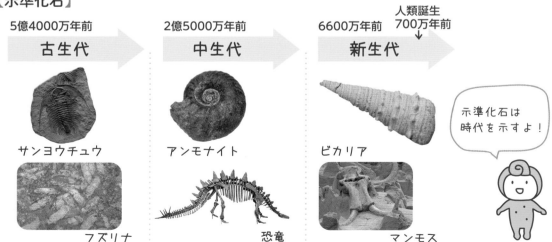

5億4000万年前
古生代

2億5000万年前
中生代

6600万年前
新生代

人類誕生
700万年前
↓

サンヨウチュウ	アンモナイト	ビカリア
フズリナ	恐竜	マンモス

示準化石は時代を示すよ！

アサリは©コーベット，シジミ，恐竜，マンモスは©アフロ

基本練習

答えは別冊12ページ

1 次の(1)～(3)は〔　　〕にあてはまる語句を書き，(4)・(5)は正しいものを◯で囲みましょう。

(1)　地層中に大昔の生物の死がいが残ったものを〔　　　　　　　　　〕という。

(2)　地層ができた当時の環境を推測できる化石を

〔　　　　　　　　　　　　　〕という。

(3)　地層ができた時代を推測する手がかりとなる化石を

〔　　　　　　　　　　　　　〕という。

(4)　サンゴの化石が見つかった地層ができた当時の環境は，

〔　あたたかく・冷たく　〕，〔　深い・浅い　〕海であった。

(5)　アンモナイトが見つかった地層ができた地質年代は，

〔　古生代・中生代・新生代　〕で，ビカリアが見つかった地層ができた地

質年代は，〔　古生代・中生代・新生代　〕である。

2 次のア～キのうち，示準化石に必要な条件をすべて選びましょう。

〔　　　　　　　　　　　　　　　　　　〕

ア　短い期間に繁栄し，絶滅している。

イ　長い期間繁栄している。

ウ　大量に発見される。

エ　まれに発見される。

オ　決まった環境にしかすめない。

カ　広い範囲に生きていて，発見される地域が広い。

キ　せまい範囲に生きていて，発見される地域がせまい。

示準化石は，古生代・中生代・新生代の順に２つずつの生物を「富士　山　が／今日も
無いとは／ビックリマンモス！」と覚えてもいい。

45 曲がった地層・ずれた地層

しゅう曲と断層

地層のずっと下には，プレートという厚さ100 kmにもなる岩石の板があります。プレートが何枚も組み合わさって，地球をおおっているのです。

プレートは年に数cmずつ動いています。この動きによって，プレートの上の地層は力を受け，曲げられたりずれたりします。地層が曲げられたものを**しゅう曲**，ずれたものを**断層**といいます。

【しゅう曲のでき方】　　【断層のでき方】

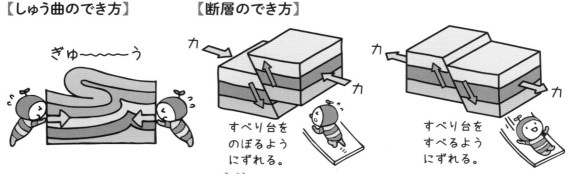

ぎゅ～～～～う

力を受ける

すべり台をのぼるようにずれる。

すべり台をすべるようにずれる。

がけなど，外から見える地層（**露頭**）はあまりありません。地下の地層はどうなっているのでしょうか。ボーリングという方法で穴を掘って地層をとり出すと，地層を図にした**柱状図**ができます。柱状図から，地層のでき方や広がりがわかります。

【柱状図からわかること】

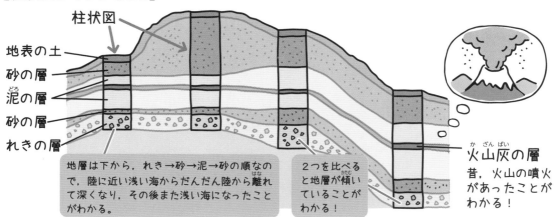

柱状図

地表の土
砂の層
泥の層
砂の層
れきの層

地層は下から，れき→砂→泥→砂の順なので，陸に近い浅い海からだんだん陸から離れて深くなり，その後また浅い海になったことがわかる。

2つを比べると地層が傾いていることがわかる！

火山灰の層
昔，火山の噴火があったことがわかる！

プレート

日本列島

火山灰は広い範囲に降るので，火山灰の層があると，つながりがわかります。このような地層の広がりの手がかりになる地層を**鍵層**といいます。

104

1 次の文の〔　〕にあてはまる語句を書きましょう。

地球の表面をおおう厚さ100 kmにもなる岩盤（がんばん）を〔　　　　　　　〕という。地層に力がはたらいて押（お）し曲げられたものを

〔　　　　　　　　　　　〕，地層に横から押す力や引っ張る力がはたらいて，

地層がずれたものを〔　　　　　　　〕という。

2 図1のような地層ができたのは，どのような力がはたらいたからですか。図2のア，イから選びましょう。〔　　　　　　　〕

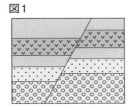

図1

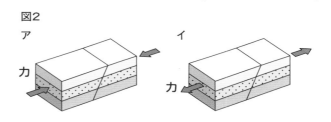

図2

3 右の図について，次の問題に答えましょう。

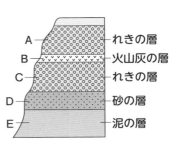

A れきの層
B 火山灰の層
C れきの層
D 砂の層
E 泥の層

(1) A～Eのうち，近くで火山活動があったことを示す層はどれですか。

〔　　　　　　　〕

(2) A～Eの層が堆積（たいせき）した当時のこの場所の環境（かんきょう）の変化として正しいのは，次のア～ウのどれですか。〔　　　　　　　〕

ア　深い海底から浅い海底へと変化した。

イ　浅い海底から深い海底へと変化した。

ウ　陸の近くから陸から離れた場所へと変化した。

☺ 2 左右から引かれると上側がすべり落ち，押されると上側が持ち上がる。

3 (2) 地層の粒（つぶ）が大きいほど陸に近い海底で，小さいほど陸から遠くの海底で堆積した。

46 火山の形は何で決まるの?

日本には富士山をはじめ，現在や過去に噴火したことがある**活火山**が100以上もあります。

火山の地下には，岩石がどろどろにとけた**マグマ**がたまっています。噴火は，マグマが上昇して**溶岩**や**火山灰**などの**火山噴出物**をふき出すことです。火山噴出物はすべてマグマからできています。

【マグマと火山噴出物】

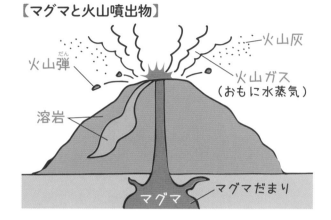

火山には，モッコリしたものから平べったいものまで，さまざまな形があります。火山の形のちがいは，流れ出る溶岩のもととなるマグマの**ねばりけ**のちがいです。ねばりけが強いと溶岩は流れにくいので盛り上がり，ねばりけが弱いと流れやすいのでゆるやかな火山になるのです。

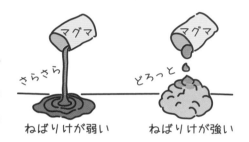

マグマのねばりけのちがいで，溶岩の色や噴火のようすなどもちがっています。

【マグマのねばりけと火山の形】

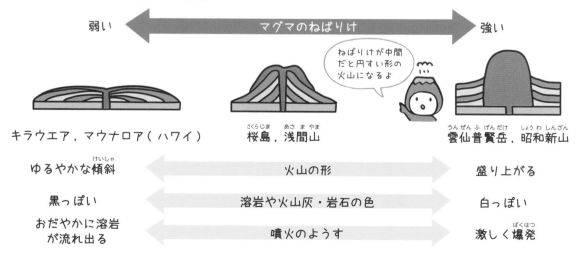

ねばりけが中間だと円すい形の火山になるよ

弱い	マグマのねばりけ	強い
キラウエア，マウナロア（ハワイ）	桜島，浅間山	雲仙普賢岳，昭和新山
ゆるやかな傾斜	火山の形	盛り上がる
黒っぽい	溶岩や火山灰・岩石の色	白っぽい
おだやかに溶岩が流れ出る	噴火のようす	激しく爆発

→ 答えは別冊13ページ

1 次の問題に答えましょう。

(1) 地下で高温のため，岩石がどろどろにとけたものを何といいますか。

〔　　　　　　　〕

(2) (1)が，地表に流れ出たものを何といいますか。 〔　　　　　　　〕

2 図は，3種類の火山の形を示したものです。次の問題に答えましょう。

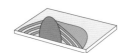  

ア 盛り上がった形　　**イ** 円すい形　　**ウ** ゆるやかな傾斜の形

(1) マグマのねばりけが最も弱い火山はどれですか。 〔　　　　　　　〕

(2) 噴火のしかたが最も激しい火山はどれですか。 〔　　　　　　　〕

(3) 溶岩の色が最も白っぽい火山はどれですか。 〔　　　　　　　〕

 1 (2) マグマが地表に流れ出たものだけでなく，冷えて固まったものも溶岩とよぶ。
2 (1) ねばりけが強いと溶岩は流れにくく，ねばりけが弱いと流れやすいことから考える。

理由が💡わかる

マグマのねばりけが噴火に関係するのはなぜ？

　マグマには水などがふくまれていて，マグマが上昇するとそれらが気体になり，噴火するとマグマからぬけて火山ガスになります。ねばりけが強いマグマからは気体がぬけにくく，たまっていって爆発的噴火を起こします。ねばりけが弱いマグマは気体がぬけやすいので，爆発的噴火にはなりません。

振った炭酸飲料の泡があふれるのと，爆発的噴火は似た現象。

47 ^{鉱物} 火山灰のつぶつぶは何?

火山灰が降ると，車がスリップしたり，傷がついたりして大変です。これは，火山灰にふくまれる粒のせいです。

火山灰をよく洗ってルーペや双眼実体顕微鏡などで見ると，角がとがった粒がたくさん見られます。この粒は，マグマが冷えて結晶になったもので，鉱物とよばれます。火山灰や溶岩の中には，いろいろな鉱物が混ざっています。

【溶岩や火山灰の中の鉱物】

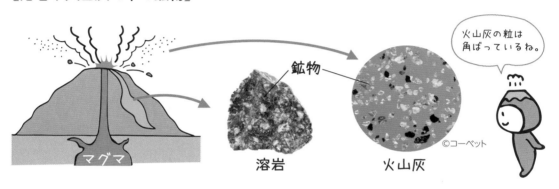

火山灰の粒は角ばっているね。

©コーベット

鉱物　溶岩　火山灰　マグマ

火山灰や溶岩の色は，火山によってちがいます。白っぽかったり黒っぽかったりするのは，ふくまれている鉱物の種類がちがうからです。無色鉱物が多いと白っぽくなり，有色鉱物が多いと黒っぽくなります。石英と長石だけでも，覚えておくといいですね。

【代表的な鉱物】

無色（白色）鉱物		有色鉱物		
石英	**長石**	**黒雲母**	**カンラン石**	**磁鉄鉱**
無色か白色。不規則に割れる。	白色かうす桃色。柱状。決まった方向に割れる。	黒色・板状。うすくはがれる。	黄緑色。宝石ペリドットのこと。	黒色・正八面体。磁石につく。 ©アフロ
		カクセン石　暗い褐色や濃い緑色。長い柱状。		**輝石**　暗い緑色・短い柱状。

108

基本練習

答えは別冊13ページ

1 (1)は〔　　　〕にあてはまる語句を，(2)は正しいものを◯で囲みましょう。

(1) 火山灰や溶岩にふくまれるマグマが冷えてできた結晶を

〔　　　　　　　　　〕という。

(2) 白っぽい火山灰の中には〔　無色鉱物・有色鉱物　〕が，黒っぽい火山灰

の中には〔　無色鉱物・有色鉱物　〕が多くふくまれる。

2 図のア～オは，鉱物を表しています。次の問題に答えましょう。

ア　磁鉄鉱　　イ　カンラン石　　ウ　石英　　エ　黒雲母　　オ　長石

©アフロ

(1) 無色鉱物をア～オからすべて選びましょう。　〔　　　　　　　〕

(2) 黒色でうすくはがれる鉱物はどれですか。　　〔　　　　　　　〕

😊 ポイント　鉱物名は「無食で挑戦，歩きか9時間」と覚えてもいい。無食(無色鉱物)で挑(長石)戦(石英)，歩(有色鉱物)き(輝石)か(カクセン石)9(黒雲母)時(磁鉄鉱)間(カンラン石)。

理由が💡わかる

マグマと鉱物の関係は？

　マグマのねばりけを大きく左右するのは，無色鉱物の石英です。石英はガラスと同じ成分の物質です。高温でとけると，ねばりけの強い液体になります。ですから，石英の成分が多くふくまれているマグマはねばりけが強く，その火山噴出物の色は白っぽくなるのです。

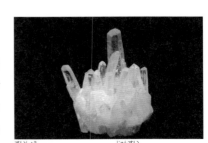
水晶は石英の結晶。純粋なものはガラスのように無色透明になる。

48 【火成岩】 マグマからできる岩石

　火山に登ると，真っ黒な溶岩が広がっていることがあります。どろどろだったマグマが冷えたものです。溶岩や火山弾など，マグマが冷えてできた岩石をすべて**火成岩**といいます。

　火成岩は，マグマの冷え方によって**火山岩**と**深成岩**の2つのグループに分けられます。火山岩はマグマが急に冷えて固まった岩石，深成岩はゆっくりと冷えて固まった岩石です。火山岩と深成岩では冷え方がちがうため，つくりもちがっています。

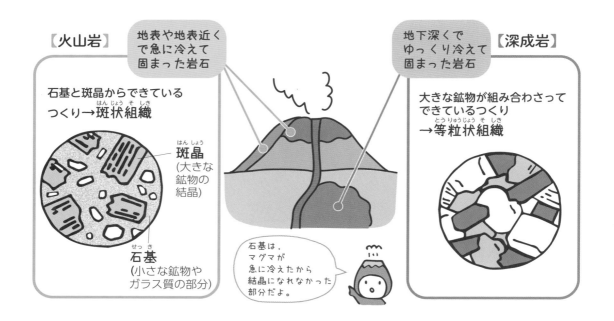

【火山岩】

地表や地表近くで急に冷えて固まった岩石

石基と斑晶からできている
つくり→**斑状組織**

斑晶
（大きな鉱物の結晶）

石基
（小さな鉱物やガラス質の部分）

石基は，マグマが急に冷えたから結晶になれなかった部分だよ。

地下深くでゆっくり冷えて固まった岩石

【深成岩】

大きな鉱物が組み合わさってできているつくり
→**等粒状組織**

　火山岩も深成岩も，その中にふくまれる鉱物の種類と割合によって，色がちがっています。代表的な3つずつの岩石の中で，灰色の火山岩の代表**安山岩**と，白い深成岩の代表**花こう岩**を特に覚えておきましょう。

【火山岩と深成岩にふくまれる鉱物】

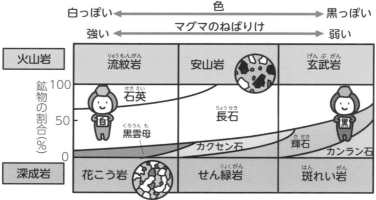

白っぽい　←　色　→　黒っぽい
強い　←　マグマのねばりけ　→　弱い

火山岩	流紋岩	安山岩	玄武岩
深成岩	花こう岩	せん緑岩	斑れい岩

鉱物の割合（%）　100　50　0

石英　長石　黒雲母　カクセン石　輝石　カンラン石

基本練習

→ 答えは別冊13ページ

1 次の文の〔　〕にあてはまる語句を書きましょう。

(1) マグマが冷えて固まった岩石を〔　　　　　　　　　　　〕という。

(2) (1)には，急に冷えてできた〔　　　　　　　　　　〕と，ゆっくり冷えてで

きた〔　　　　　　　　　　〕の２つのグループがある。

2 次の表は，火成岩を大きく２つのグルー
プに分類したものです。①・③・⑤は〔　〕
にあてはまる語句を書き，②・④は正し
いものを○で囲みましょう。なお，④は,
右の図のＡ・Ｂから選びましょう。

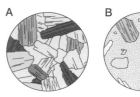
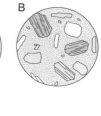

A　B

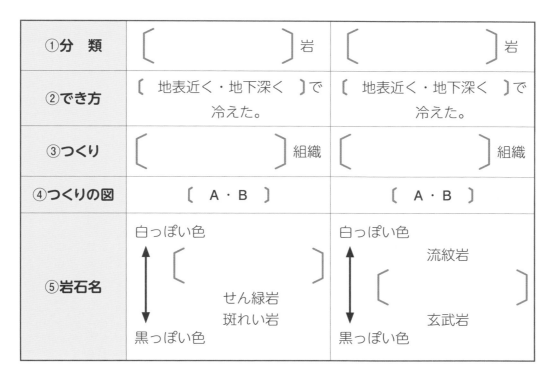

①分　類	〔　　　　　　　　　〕岩	〔　　　　　　　　　〕岩
②でき方	〔　地表近く・地下深く　〕で 冷えた。	〔　地表近く・地下深く　〕で 冷えた。
③つくり	〔　　　　　　　　　〕組織	〔　　　　　　　　　〕組織
④つくりの図	〔　Ａ・Ｂ　〕	〔　Ａ・Ｂ　〕
⑤岩石名	白っぽい色 ↑〔　　　　　　　　　〕 ↓　　　せん緑岩 　　　斑れい岩 黒っぽい色	白っぽい色 ↑　　　　　流紋岩 〔　　　　　　　　　〕 ↓　　　玄武岩 黒っぽい色

☺ 岩石名は有名な「新幹線は刈り上げ」で覚えよう。新（深成岩）幹（花こう岩）線（せん緑
岩）は（斑れい岩）／刈（火山岩）り（流紋岩）上（安山岩）げ（玄武岩）。

復習テスト ❻

➡ 答えは別冊18ページ

得点　／100点

4章 大地の変化

1

図は，ある場所で見られた地層のようすです。次の問いに答えましょう。

【各5点　計20点】

(1) 川の水で運ばれてきた砂，泥，れきのうち，河口近くに堆積するのはどれですか。　〔　　　　　　　〕

(2) 図1のDの層が堆積した当時，この付近ではどんなことが起こったと考えられますか。
〔　　　　　　　　　　　　　　　　　　　　　　〕

(3) 図1のA～Cの層が堆積したとき，この場所の環境はどのように変化していったと考えられますか。簡単に書きましょう。
〔　　　　　　　　　　　　　　　　　　　　　　〕

(4) 図2の地層は，どの方向から力がはたらいてできたと考えられますか。力を矢印で表し，図にかき入れましょう。

図1

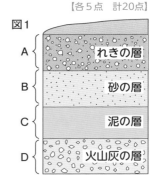

A｛ れきの層
B｛ 砂の層
C｛ 泥の層
D｛ 火山灰の層

図2

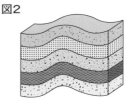

2

次の問いに答えましょう。

【各5点　計30点】

(1) 海底などに積もった土砂などが押し固められてできた岩石を何といいますか。
〔　　　　　　　　　　〕

(2) 次のア～エのうち，れき岩をつくっている粒の特徴として正しいものはどれですか。　〔　　　〕
　ア　角ばっている。　　　　イ　塩酸をかけると泡が発生する。
　ウ　丸みを帯びている。　　エ　直径が0.06 mm以下である。

(3) Aは何という生物の化石ですか。また，この化石が見つかった地層が堆積した時代はいつですか。

A

　生物の名称〔　　　　　　〕　時代〔　　　　　　〕

(4) 示相化石には，どのような生物の化石が適していますか。次から2つ選びましょう。
〔　　　〕〔　　　〕

　ア　限られた時代に生存している。　　イ　同じなかまの生物が現在も生存している。
　ウ　いろいろな環境のもとで生存できる。　エ　限られた環境でしか生存できない。

3

図は，3種類の火山の形を模式的に表したものです。あとの問いに答えましょう。

【各4点　計20点】

A 　B 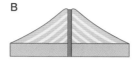　C

(1) 地下にあって，火山噴出物のもとになる高温で液体状の物質を何といいますか。

〔　　　　　　　　　　〕

(2) 火山をつくった(1)のねばりけの強いものから順に，A〜Cを並べましょう。

〔　　　→　　　→　　　〕

(3) A〜Cの火山のうち，最も激しい噴火をするのはどれですか。　〔　　　　　　〕

(4) Aの形の火山から出た溶岩や火山灰の色は，Bの形の火山に比べて白っぽいですか，黒っぽいですか。

〔　　　　　　　　　　〕

(5) 次のア〜エの火山のうち，Bの形に最も近い形をしている火山はどれですか。

〔　　　　　　　　　　〕

ア　浅間山　　イ　昭和新山　　ウ　マウナロア　　エ　雲仙普賢岳

4

図は，2種類の火成岩のつくりをルーペで観察したときのようすを表しています。次の問いに答えましょう。

【(1)〜(3)各4点 (4)各3点　計30点】

A 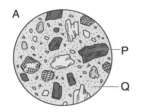　B

(1) A，Bのようなつくりをそれぞれ何組織といいますか。

A 〔　　　　　　　　　〕　　B 〔　　　　　　　　　〕

(2) Aの岩石のP，Qの部分をそれぞれ何といいますか。

P 〔　　　　　　　　　〕　　Q 〔　　　　　　　　　〕

(3) A，Bはそれぞれどのようにしてできたと考えられますか。次からそれぞれ選びましょう。

A 〔　　　　〕　　B 〔　　　　〕

ア　地表近くでゆっくり冷えてできた。　　イ　地下深くでゆっくりと冷えてできた。
ウ　地表近くで急に冷えてできた。　　　　エ　地下深くで急に冷えてできた。

(4) 次のア〜エのうち，A，Bのつくりをもつ岩石はそれぞれどれですか。

A 〔　　　　〕　　B 〔　　　　〕

ア　花こう岩　　イ　凝灰岩　　ウ　石灰岩　　エ　安山岩

49 地震
地震はどこで起こるの？

　日本は地震がとても多い国です。ニュースで，「震源は○○。震源の深さは…」と聞いたことがあるでしょう。

　地震は，地下の岩盤が地球の大きな力で破壊されたときに起こります。地下の，地震が起こった場所が震源です。震源の真上の地点は震央といいます。また，震源から観測場所までの距離を震源距離といいます。

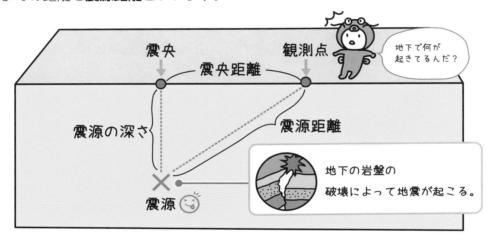

　震源では，岩盤の破壊と同時にゆれが発生し，ゆれは波になって地中を伝わっていきます。地上では，震源からいちばん近い震央が最初にゆれ始めることになります。

　わたしたちが感じるゆれの大きさは震度で表します。小さいゆれの方から，0〜4・5弱強・6弱強・7の10階級にわかれています。

　一方，地震そのものの規模は，マグニチュード（記号M）で表します。マグニチュードが1大きくなると，地震のエネルギーは約32倍になり，震度も大きくなります。

　マグニチュードが同じ地震でも，震源からの距離が近ければ，震度は大きくなります。

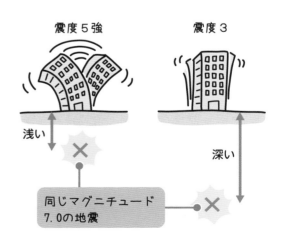

基本練習

→ 答えは別冊14ページ

1 次の(1)・(3)は〔　　〕にあてはまる語句を書き，(2)は正しいものを○で囲みましょう。

(1) 右の図で，Aの場所で地震が起こったとすると，

A を〔　　　　　　　　〕といい，

B を〔　　　　　　　　〕という。

観測点　　ア　　地表

ウ　　イ

×A

地球の内部

(2) 観測点での震源距離は，〔　ア・イ・ウ　〕である。

(3) 地震そのもののエネルギーの大きさを表す値を

〔　　　　　　　　　　　　　　〕といい，記号〔　　　　　　　　〕で表す。

2 図のP，Qは地表の観測地点，P，Qのそれぞれ真下にあるX，Yの×印は地震の震源の位置を表しています。次の問題に答えましょう。

(1) XとYの地震のマグニチュードが同じ大きさだったとすると，Xの地震のときのPの震度と，Yの地震のときのQの震度で，大きいのはP・Qのどちらですか。

〔　　　　　　　　〕

地表
●P　　●Q

X

↓

Y

地球の内部

(2) Yと同じ震源で，M5.5とM6.5の2つの地震が起こったとき，P地点の震度が大きいのはどちらのMの地震ですか。　〔　　　　　　　　〕

 1 このあとの学習でもよく使われるのは震源距離。震源距離は，地中の震源から地上までのななめの距離で，地表の震央からの距離とまちがえやすいので注意しよう。

50 地震はどう伝わっていくの？

地震のとき，小さくカタカタゆれたと思ったら，あとからユッサユッサとゆれてビックリしたことはありませんか？

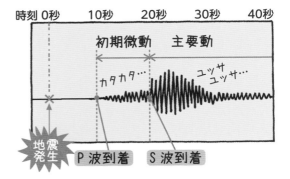

時刻 0秒　10秒　20秒　30秒　40秒

初期微動　　主要動

カタカタ…　ユッサユッサ…

地震発生

P波到着　S波到着

実は地震が起きた瞬間，2種類のゆれの波が発生しているのです。地震計で記録すると，右のような2つの波形になります。

最初に来るのはP波という波で，初期微動という小さなゆれを伝えています。あとから来るのはS波という波で主要動という大きなゆれを伝えています。

震源から同時に出るP波とS波ですが，速さが速いP波が先に到着します。次のS波が到着するまでの時間を初期微動継続時間といいます。速さに差がある分，初期微動継続時間は，震源から離れれば離れるほど長くなっていきます。

では，震源から100kmずつ離れていくと，地震計の波形がどう変わるか見てみましょう。初期微動継続時間は，震源からの距離に比例して長くなっているのがわかります。

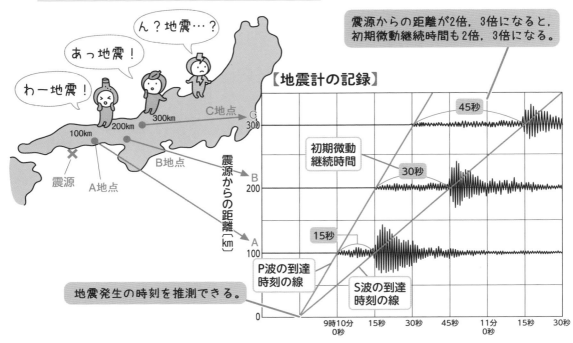

ん？地震…？

あっ地震！

わー地震！

300km
C地点

100km
200km

震源　A地点
B地点

震源からの距離 [km]

震源からの距離が2倍，3倍になると，初期微動継続時間も2倍，3倍になる。

【地震計の記録】

45秒

初期微動継続時間

30秒

15秒

P波の到達時刻の線

S波の到達時刻の線

地震発生の時刻を推測できる。

C 300
B 200
A 100
0

9時10分0秒　15秒　30秒　45秒　11分0秒　15秒　30秒

基本練習

→ 答えは別冊14ページ

1 次の(1)・(2)は〔　　　〕にあてはまる語句を書き，(3)・(4)は正しい方を○で囲みましょう。

(1) 地震のゆれのうち，はじめに起こる小さなゆれを

⑦〔　　　　　　　　　　　　〕といい，次に続いて起こる大きなゆれを

④〔　　　　　　　　　　　　〕という。

(2) ⑦が始まってから④が始まるまでの時間を

⑨〔　　　　　　　　　　　　　　〕という。

(3) ⑦のゆれは，〔　P波・S波　〕が届くと起こる。

(4) ⑨の時間は，震源からの距離が遠い地点ほど，〔　短く・長く　〕なる。

2 右の図は，ある地震を，震源から140 kmの地点で観測した地震計の記録です。震源から280 kmの地点での初期微動継続時間は，何秒と考えられますか。

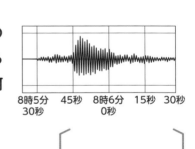

8時5分　45秒　8時6分　15秒　30秒
30秒　　　　　0秒

〔　　　　　　　　　　　〕

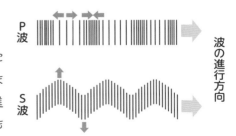 **2** 初期微動継続時間と震源距離は比例することを覚えておくと便利。初期微動継続時間か震源距離のどちらか一方がわかれば，比例の関係からもう一方も求めることもできる。

もっと くわしく

P波とS波って何がちがうの？

　P波は縦波とよばれ，波が進む方向に対して前後に振動する波です。バネがのび縮みするように振動します。音の波も縦波です。S波は横波とよばれ，波が進む方向に対して横に振動する波です。P波は固体中も液体中も伝わりますが，S波は液体中は伝わりません。

P波

S波

波の進行方向

51 地震の問題の解き方

P波やS波が2つの観測地点に到達した時刻から，P波やS波の速さが計算できます。速さを求める式は，次の式です。

$$
\text{P波（S波）の速さ〔km/s〕} = \frac{\text{波が伝わる距離〔km〕}}{\text{伝わるのにかかる時間〔s〕}}
$$

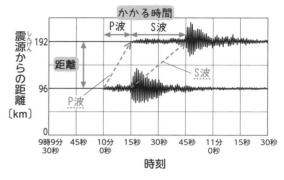

速さがわかると，震源から観測地点までのP波やS波が届くまでの時間や，地震が発生した時刻を求めることもできます。

ではさっそく例題を解いてみましょう。[ ]にあてはまる数を書きましょう。

【例題】 右の図は，ある地震でのA，B2地点の地震計の記録です。P波の速さは何km/sですか。また，地震が発生した時刻は何時何分何秒ですか。

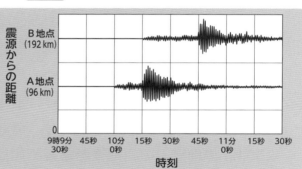

【解き方】

A地点とB地点の距離は，❶[   ]km。また，A地点とB地点にP波が

到着した時刻の差は，❷[   ]秒。よって，P波の速さは，

❸[   ]〔km〕÷ ❹[   ]〔s〕= ❺[   ]〔km/s〕

震源からA地点まで，P波が到着するのにかかった時間は，

「震源からA地点までの距離〔km〕÷P波の速さ〔km/s〕」で求められるので，

❻[   ]〔km〕÷ ❼[   ]〔km/s〕= ❽[   ]〔s〕

> 震源からA地点までの時間だよ。

よって，地震が発生した時刻は，9時❾[   ]分❿[   ]秒。

【答え】❶ 96 ❷ 15 ❸ 96 ❹ 15 ❺ 6.4 ❻ 96 ❼ 6.4 ❽ 15 ❾ 9 ❿ 45

基本練習

答えは別冊14ページ

1 図は，ある地震でのА，В2地点の地震計の記録です。Ｐ波とＳ波の速さは何km/sですか。また，地震が発生した時刻は何時何分何秒ですか。

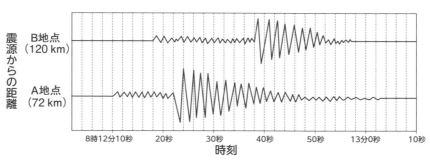

震源からの距離

B地点（120 km）

A地点（72 km）

8時12分10秒　　20秒　　30秒　　40秒　　50秒　　13分0秒　　10秒

時刻

Ｐ波の速さ 〔　　　　　　　　〕

Ｓ波の速さ 〔　　　　　　　　〕

地震が発生した時刻 〔　　　　　　　　　　　〕

2 下の表は，ある地震でのА，В2地点の地震計の記録です。Ｐ波とＳ波の速さはそれぞれ何km/sですか。また，地震が発生した時刻は何時何分何秒ですか。

地点	震源からの距離	Ｐ波の到着時刻	Ｓ波の到着時刻
A	78 km	3時5分17秒	3時5分25秒
B	117 km	3時5分23秒	3時5分35秒

Ｐ波の速さ 〔　　　　　　　〕

Ｓ波の速さ 〔　　　　　　　〕

地震が発生した時刻 〔　　　　　　　　　　〕

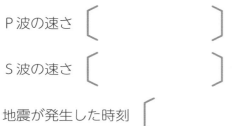 「速さ＝距離÷時間」の式はどんな速さを求めるときにも使うので，かならず頭に入れておこう。「時間＝距離÷速さ」，「距離＝速さ×時間」もセットで覚えておこう。

52 【内陸型地震】 プレートの中で起こる地震

　地層のずっと下には，**プレート**という厚い岩盤があることは，前にふれました。日本列島の真下やすぐ近くには，このプレートが4枚もあって，少しずつ動いています。

　日本列島の地下の**大陸プレート**は海側の**海洋プレート**に押されてゆがめられ，たえきれなくなると，岩盤が破壊されて**断層**ができたり，すでにある断層（**活断層**）がずれ動いたりして，地震が発生します。

　こうして起こる地震は，日本列島の地下の浅いところで起こる地震で，**内陸型地震**とよばれます。内陸型地震は，マグニチュードが小さくても震源が浅いため，大きくゆれて被害も大きくなることがあります。

　日本付近で起きた地震の震源を地図上にかいてみると，プレートが沈みこんでいる海溝に沿って，震源が多いことがわかります。

【日本付近の4つのプレート】

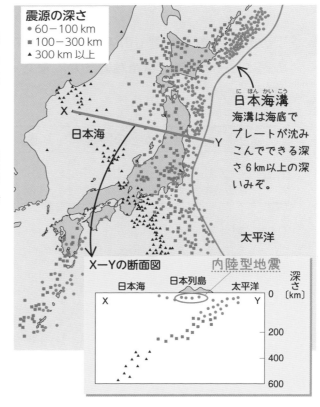

北アメリカプレート
大陸プレート
太平洋プレート
海洋プレート
ユーラシアプレート
フィリピン海プレート

【日本付近の震源の分布】

震源の深さ
・60－100 km
■ 100－300 km
▲ 300 km 以上

日本海溝
海溝は海底でプレートが沈みこんでできる深さ6 km以上の深いみぞ。

日本海

太平洋

X－Yの断面図　　内陸型地震

日本海　日本列島　太平洋　深さ〔km〕

X　　　　　　　　Y
0
200
400
600

内陸型地震とは別に日本海側に行くほど深くなる震源もあるね。

基本練習

➡ 答えは別冊14ページ

1 次の文の〔　〕にあてはまる語句を書きましょう。

(1) 地球の表面をおおっている岩盤を〔　　　　　　　　　　〕という。

(2) 日本列島の地下の浅いところで，活断層がずれたりして起こる地震を
〔　　　　　　　　　　〕という。

2 右の図は，日本付近のプレートを表して
います。次の問題に答えましょう。

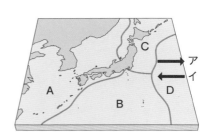

(1) A〜Dの中で，海洋プレートをすべて選
びましょう。〔　　　　　　　　〕

(2) A，Dを，それぞれ何プレートといいますか。

A〔　　　　　　　　　〕プレート

D〔　　　　　　　　　〕プレート

(3) Dのプレートは，ア・イのどちら向きに動いていますか。

〔　　　　　　　　　　　〕

😊 **ポイント** プレートは「陸から来たユー，海に用かい？」と覚えてもいい。陸（大陸プレート）から来た
（北アメリカ）ユー（ユーラシア）／海（海洋プレート）に用（太平洋）かい（フィリピン海）。

もっとくわしく

断層と活断層，どうちがうの？

　地下の岩盤に強い力がはたらいて，破壊されてずれるのが断層です。このとき地震が起こり
ます。この断層のうち，過去にくり返しずれて地震を引き起こし，将来も活動する可能性のある
ものが活断層です。日本では，2000以上も見つかっていて，地下や海底にあって見えない活
断層もたくさんあります。

53 プレートの境界で起こる地震

地震が起こる場所は，日本列島の真下で起きる**内陸型地震**だけではありません。

日本列島の東側で，**大陸プレート**と**海洋プレート**が接する境界あたりで起きる地震があります。**日本海溝**はこの境界の１つです。

【海溝型地震の震源】 ×は震源

日本海　太平洋　日本列島　大陸プレート（陸のプレート）　日本海溝　海溝型地震　海洋プレート（海のプレート）

ここでは，海洋プレートが大陸プレートを引きずるように沈みこんでいます。そのため，大陸プレートはだんだんゆがめられていき，やがてたえきれなくなります。すると，突然はね上がって大地震が起きるのです。

このようにして海溝付近で起きる地震は，**海溝型地震**とよばれます。

海溝型地震では，海底が動くため，海水が押し上げられたりして**津波**が発生することがあります。震源が遠く，ゆれを感じない地震であっても，遠方で発生した津波が対岸に押し寄せることもあります。

【海溝型地震と津波が発生するしくみ】

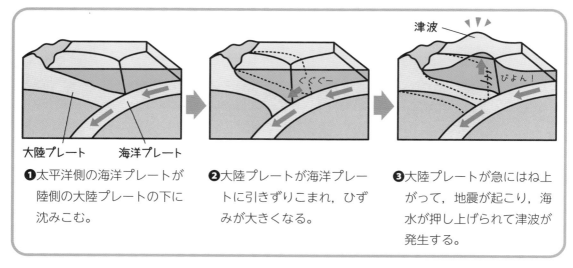

大陸プレート　海洋プレート　ぐぐぐー　津波　ぴょん！

❶太平洋側の海洋プレートが陸側の大陸プレートの下に沈みこむ。

❷大陸プレートが海洋プレートに引きずりこまれ，ひずみが大きくなる。

❸大陸プレートが急にはね上がって，地震が起こり，海水が押し上げられて津波が発生する。

基本練習　→ 答えは別冊15ページ

1 次の(1)・(2)は正しいものを○で囲み，(3)・(4)は〔　　〕にあてはまる語句を書きましょう。

(1) 日本列島は，〔　大陸プレート・海洋プレート　〕の上にある。

(2) 日本列島のすぐ東側では，〔　大陸プレート・海洋プレート　〕が

〔　大陸プレート・海洋プレート　〕の下に沈みこんでいる。

(3) 海溝付近で，大陸プレートがひずみにたえきれなくなって，はね上がることで起きる地震を〔　　　　　　　　　　　　〕という。

(4) (3)の地震によって，海底が動き，海水が押し上げられたりして盛り上がる現象を〔　　　　　　　〕という。

2 右の図は，日本列島付近で起こる地震の震源のようすを断面で表しています。次の問題に答えましょう。

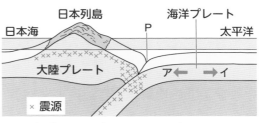

(1) Pは，東北地方の東の沖にのびている海溝です。何といいますか。

(2) 図の海洋プレートは，ア，イのどちらに動いていますか。

(3) 沈みこむ海洋プレートに沿って発生する地震の震源は，太平洋側・日本海側のどちらにいくほど深くなっていますか。

😊 **1** (3) 内陸型地震と海溝型地震では，地震が発生する場所はちがうが，どちらもプレートの動きによる大きな力がはたらいて起こるのは同じ。

54 災害 大地の恵みや災害

日本は火山の多い国です。それは，海洋プレートが日本列島の下に沈みこんでいる地下の深いところで，岩石がとけてマグマがつくりだされているからです。そのマグマが上昇して火山ができるため，日本列島には火山が多いのです。

地震と火山はどちらもプレートの境界に多いんだね

火山
大陸プレート
マグマだまり
マグマがつくられる場所
海洋プレート

多くの火山があるおかげで，美しい景色や温泉，地熱発電などの恩恵を受けています。しかし，いったん火山の噴火が起こると，高温のガスや火山灰，岩石などが混ざり合って高速で流れる**火砕流**や，**溶岩流**，**火山灰**などによって大きな被害が出ます。

こうした火山の被害に備えて，火砕流や溶岩流などの被害予測を示した地図が**ハザードマップ**です。

火山のほかに，プレートの境界があるために発生するのが地震です。地震で起きる災害は，津波や土砂くずれだけではありません。家やビルがこわれたり，土地が急にやわらかくなる**液状化**が起こったりします。

また，地震によって，大地がもち上がる**隆起**や，大地が沈む**沈降**が起きることもあります。

【液状化（現象）】

こうした地震の災害に備えて，津波の予想を知らせる**津波警報**や，Ｐ波を感知してＳ波の強いゆれがくることを知らせる**緊急地震速報**があります。

【緊急地震速報のしくみ】

気象庁
地震計
P波
S波
×
震源

全国1700か所近くの観測点のうち，震源近くの地震計がP波を感知する。

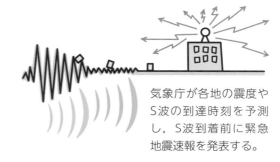

気象庁が各地の震度やS波の到達時刻を予測し，S波到着前に緊急地震速報を発表する。

1章 2章 3章

4章
大地の変化

1 次の問題に答えましょう。

(1) 火山から，高温のガスや火山灰や岩石などが高速で流れ下る現象を何といいますか。 〔　　　　　　　　　〕

(2) 火山の噴火で起こる(1)や溶岩流などの被害予測を示した地図を何といいますか。 〔　　　　　　　　　〕

(3) 地震によるゆれで，土地が急にやわらかくなる現象を何といいますか。

〔　　　　　　　　　〕

2 右の図は，もとの海岸の地形が変化して，海岸段丘とよばれる地形ができるようすを表しています。この海岸段丘は，大地の隆起・沈降のどちらによってできたものですか。

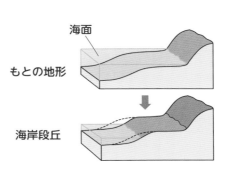

海面
もとの地形
海岸段丘

〔　　　　　　　　　〕

3 緊急地震速報について，次の問題に答えましょう。

(1) 地震が起きたとき，各地の地震計が先に感知するのは，Ｐ波とＳ波のどちらですか。 〔　　　　　　　　　〕

(2) 緊急地震速報が危険を知らせるのは，Ｐ波，Ｓ波のどちらの波によるゆれですか。 〔　　　　　　　　　〕

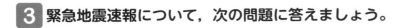

1 ハザードマップは火山の災害だけでなく，津波など，ほかの自然災害用にもある。
2 海岸段丘は海面の低下でも起こる。同様の地形は川岸でもでき，河岸段丘という。

復習テスト ⑦

→ 答えは別冊19ページ

得点 ／100点

4章 大地の変化

1 図は、ある地震が起こったときのA、B 2地点の地震計の記録です。次の問いに答えましょう。 【各4点 計20点】

(1) 震源の真上の地点を何といいますか。

〔　　　　　　　〕

(2) 図のX、Yのゆれをそれぞれ何といいますか。

X 〔　　　　　　　〕

Y 〔　　　　　　　〕

(3) 図のXの続く時間を何といいますか。

〔　　　　　　　〕

(4) この地震の震源により近いのは、A、Bどちらの地点ですか。

〔　　　　　　　〕

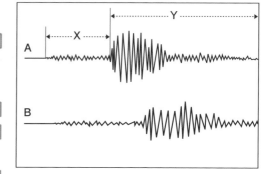

2 下の表は、ある地震のA、B 2地点でのP波とS波の到着時刻の記録です。次の問いに答えましょう。 【各6点 計30点】

地点	震源からの距離	P波の到着時刻	S波の到着時刻
A	80 km	9時32分35秒	9時32分45秒
B	184 km	9時32分48秒	9時33分11秒

(1) 地震が発生したときに伝わる、小さなゆれと大きなゆれの2種類のゆれのうち、大きなゆれを伝えるのは、P波とS波のどちらですか。 〔　　　　　　　〕

(2) P波とS波の速さ（km/s）を、それぞれ表から求めましょう。

P波 〔　　　　　　　〕 S波 〔　　　　　　　〕

(3) この地震の発生時刻は何時何分何秒と考えられますか。次のア～エから適当なものを選びましょう。 〔　　　　　　　〕

ア 9時32分15秒　　　イ 9時32分20秒

ウ 9時32分25秒　　　エ 9時32分30秒

(4) A地点にP波が到着してから5秒後に緊急地震速報が出され、同時にB地点にも緊急地震速報が伝わったとします。B地点では緊急地震速報を受信してからS波が到着するまで、何秒の時間がありますか。 〔　　　　　　　〕

3

日本付近のプレートについて，次の問いに答えましょう。　【各5点　計35点】

(1) **図1**は，日本付近のプレートのようすです。**A〜D**の
うち，海洋プレートはどれですか。2つ選びましょう。

〔　　　　　　　　〕

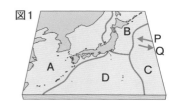

図1

(2) **C**のプレートは，**P**，**Q**のどちらに動いていますか。

〔　　　　　　　　〕

(3) **B**と**D**のプレートをそれぞれ何といいますか。次の**ア〜エ**から選びましょう。

B〔　　　　　　〕　　D〔　　　　　　〕

ア　ユーラシアプレート　　**イ**　太平洋プレート
ウ　北アメリカプレート　　**エ**　フィリピン海プレート

(4) **図2**は，日本列島の断面と震源のよう
すを模式的に表したものです。**図2**の○
で囲んだ**X**のような場所を震源として起
こる地震を何といいますか。

〔　　　　　　　　〕

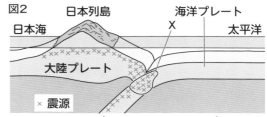

図2　日本列島　海洋プレート
日本海　　　　　　　　　　X　　　太平洋
大陸プレート
× 震源

(5) **図2**の**X**で起こる地震によって，海底が変化し，海水が盛り上がって陸に押し寄せ
る現象を何といいますか。　　　　　　　　　　　　　　　　　〔　　　　　　　　〕

(6) 日本列島の太平洋側のプレートの境界では，海洋プレートはどのような動きをして
いますか。簡単に書きましょう。

〔　　　　　　　　　　　　　　　　　　　　　　　　　　　　　　　　　　　　　　〕

4

いろいろな災害について，次の問いに答えましょう。　【各5点　計15点】

(1) 1990年に始まった雲仙普賢岳の噴火では，その後の大規模な　**A**　によって多く
の犠牲者が出ました。高温のガスや火山灰，岩石が高速で流れ下る**A**の現象を何とい
いますか。　　　　　　　　　　　　　　　　　　　　　　　　　〔　　　　　　　　〕

(2) 2011年の東北地方太平洋沖地震では，千葉県などの東京湾沿岸部や埋め立て地を中
心に，地面から水がふき出したり，家が傾いたり，電柱が倒れたりしました。このよ
うな，地面が流動化する現象を何といいますか。　　　　　　　〔　　　　　　　　〕

(3) 鹿児島県の桜島は，ひんぱんに噴火をくり返している火山です。そこで鹿児島市で
は，噴火に備えて噴石や土石流などの被害の予測などを記した地図をつくっています。
このような地図を何といいますか。　　　　　　　　　　　　　〔　　　　　　　　〕

中1理科をひとつひとつわかりやすく。 改訂版

本書は，個人の特性にかかわらず，内容が伝わりやすい配色・デザインに配慮し，
メディア・ユニバーサル・デザインの認証を受けました。

執筆
益永高之

カバーイラスト・シールイラスト
坂木浩子

本文イラスト・図版
（株）アート工房
（株）日本グラフィックス
青木隆

写真提供
写真そばに記載，記載のないものは編集部

ブックデザイン
山口秀昭（Studio Flavor）

メディア・ユニバーサル・デザイン監修
NPO法人メディア・ユニバーサル・デザイン協会　伊藤裕道

DTP
㈱四国写研

中1理科を
ひとつひとつわかりやすく。
[改訂版]

解答と解説

01 「分類する」ってどういうこと？

1 次の問題に答えましょう。

(1) いろいろな動物の動き方に注目して，下の3つのグループに分類しました。A～Cの基準は何ですか。下の**ア**～**エ**から選びましょう。

A〔 **ウ** 〕　B〔 **ア** 〕　C〔 **エ** 〕

ピューマ　リス イヌ　ダチョウ	イルカ　サメ マグロ　ドジョウ	ツバメ　コウモリ アゲハチョウ

ア 泳ぐ　**イ** はう　**ウ** 走る　**エ** 飛ぶ

(2) 手に持った植物の葉を観察するとき，ルーペの使い方として正しいのはどれですか。

〔 **ウ** 〕

 ア
ルーペを葉に近づけ，顔だけを前後に動かす。

イ
ルーペを葉に近づけたまま，ルーペと葉をいっしょに前後に動かす。

 ウ
ルーペを目に近づけ，葉だけを前後に動かす。

 エ
ルーペを目に近づけたまま，顔とルーペをいっしょに前後に動かす。

解説 **1**(1) ダチョウは飛ばずに走る。
(2) 動かせないものを見るときは，エの使い方。

---

02 顕微鏡の使い方

1 次の問題に答えましょう。

(1) 〔　〕にあてはまる顕微鏡の各部分の名称を書きましょう。

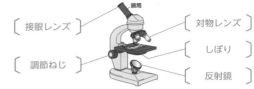

鏡筒

〔 接眼レンズ 〕　〔 対物レンズ 〕

〔 調節ねじ 〕　〔 しぼり 〕

〔 反射鏡 〕

(2) 次の顕微鏡の操作を，正しい順に記号で並べましょう。

〔 **エ → ア → ウ → イ** 〕

ア 横から見ながら，対物レンズとプレパラートを近づける。
イ 対物レンズを高倍率のものにかえる。
ウ 対物レンズとプレパラートを遠ざけながらピントを合わせる。
エ 視野全体が明るくなるように，反射鏡としぼりを調節する。

解説 **1**(2) アで横から見るのは，レンズとプレパラートがぶつからないようにするため。

---

03 花の中はどうなっているの？

1 図はアブラナの花の断面のようすです。〔　〕にあてはまる語句を書きましょう。

〔 やく 〕　〔 柱頭 〕
〔 花弁 〕　〔 胚珠 〕
〔 がく 〕　〔 子房 〕

おしべ

2 次の問題に答えましょう。

(1) 花のつくりを外側から順に書きましょう。

〔 がく　→　花弁　→　おしべ　→　めしべ 〕

(2) 次の**A**，**B**の〔　〕にあてはまる語句を書きましょう。

A：花弁が1枚1枚離れている花を〔 離弁花 〕という。

B：花弁がたがいにくっついている花を〔 合弁花 〕という。

(3) (2)の**A**，**B**のなかまにあてはまる植物をそれぞれ下の中からすべて選び，〔　〕に書きましょう。

A：〔　　エンドウ，サクラ，アブラナ，バラ　　〕

B：〔　　ヒマワリ，ツツジ，タンポポ，アサガオ　　〕

ヒマワリ　エンドウ　ツツジ　サクラ タンポポ　アブラナ　アサガオ　バラ

解説 **2**(3) ヒマワリやタンポポなど，キクのなかまの花は合弁花である。

---

04 種子は何からできる？

1 次の問題に答えましょう。

(1) 〔　〕にあてはまる語句を書きましょう。

・おしべのやくから出た〔 花粉 〕が，
めしべの〔 柱頭 〕につくことを〔 受粉 〕という。

・受粉すると，子房は成長して〔 果実 〕になり，
胚珠は㋐〔 種子 〕になる。㋐をつくる植物を
〔 種子植物 〕という。

(2) 次のエンドウの図の**ア**，**イ**をそれぞれ何といいますか。

ア〔 果実 〕　イ〔 種子 〕

ア
アの中のようす
イ

解説 **1**(2) エンドウやダイズ，シロツメクサなどマメのなかまは，さやが果実になる。

---

05 実ができない植物もあるの？
本文15ページ

1 次の問題に答えましょう。

(1) 〔　〕にあてはまる語句を書きましょう。

種子植物には，マツのような子房のない〔 **裸子** 〕植物と，サクラのような子房がある〔 **被子** 〕植物がある。

(2) 〔　〕の中の，正しい方を○で囲みましょう。

裸子植物の胚珠は〔 子房の中に・**むき出しで** 〕ついている。花粉は〔 **雄花**・雌花 〕の〔 やく・**花粉のう** 〕に入っている。

2 図は，マツの雄花と雌花のようすを表しています。次の問題に答えましょう。

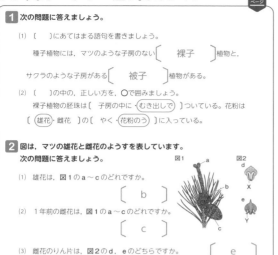

図1　図2

(1) 雄花は，図1のa〜cのどれですか。 〔 **b** 〕

(2) 1年前の雌花は，図1のa〜cのどれですか。 〔 **c** 〕

(3) 雌花のりん片は，図2のd，eのどちらですか。 〔 **e** 〕

(4) 花粉のうは，X，Yのどちらですか。 〔 **X** 〕

(5) マツのなかまの裸子植物を，下からすべて選び，書きましょう。

〔 **イチョウ，スギ** 〕

エンドウ　イチョウ　スギ　タンポポ　ツツジ

解説 **2** aは雌花，cは1年前に受粉した雌花（まつかさ），dは雄花のりん片，Yは胚珠。

06 葉や根のようすでも分類できるの？
本文17ページ

1 次の表のように，被子植物を2つのなかまにわけました。〔　〕にあてはまる語句を書きましょう。

分類名	〔 **単子葉** 〕類	〔 **双子葉** 〕類
子葉の数	1枚	2枚
葉脈のようす	〔 **平行** 〕脈	〔 **網状** 〕脈
根のつくり	〔 **ひげ根** 〕	〔 **主根** 〕と〔 **側根** 〕

※順不同

2 図は，2つの植物のなかまの子葉，葉脈，根のようすを表しています。次の問題に答えましょう。

(1) オの根をもつ被子植物のなかまを何といいますか。 〔 **双子葉類** 〕

子葉のようす　ア　イ

(2) ツユクサの子葉，葉脈，根を，図のア〜カからそれぞれ選びましょう。

葉脈のようす　ウ　エ

子葉 〔 **イ** 〕

葉脈 〔 **ウ** 〕

根のようす　オ　カ

根 〔 **カ** 〕

解説 **2** (1) カはひげ根で，単子葉類の根。 (2) ツユクサは単子葉類。ア・エ・オは双子葉類のもの。

07 種子をつくらない植物もいるの？
本文19ページ

1 次の植物のからだのつくりについて，〔　〕にあてはまる語句を書きましょう。

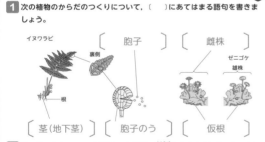

イヌワラビ

〔 **胞子** 〕 〔 **雌株** 〕

ゼニゴケ 雄株

根

〔 **茎（地下茎）** 〕 〔 **胞子のう** 〕 〔 **仮根** 〕

2 次の表のように，シダ植物とコケ植物の特徴をまとめました。〔　〕にあてはまる語句を書きましょう。

分類名	シダ植物	コケ植物
ふえ方	〔 **胞子** 〕をつくってふえる。	〔 **胞子** 〕をつくってふえる。
葉・茎・根の区別があるか，ないか	〔 **ある** 〕。	〔 **ない** 〕。

3 シダ植物のなかまにあてはまるものを下からすべて選び，〔　〕に書きましょう。

〔 **イヌワラビ，スギナ** 〕

イチョウ　イヌワラビ　スギナ　ソテツ　ゼニゴケ

解説 **1** コケ植物のすべての種類が雄株と雌株にわかれているわけではないことに注意。

08 植物はどのように分類できるの？
本文21ページ

1 次の図は，植物をいろいろな特徴に注目して分類したものです。あとの問題に答えましょう。

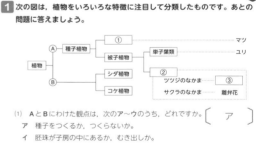

(1) AとBにわけた観点は，次のア〜ウのうち，どれですか。 〔 **ア** 〕

ア 種子をつくるか，つくらないか。

イ 胚珠が子房の中にあるか，むき出しか。

ウ 子葉が1枚か，2枚か。

(2) ①〜③にあてはまる語句を書きましょう。

① 〔 **裸子植物** 〕 ② 〔 **双子葉類** 〕 ③ 〔 **合弁花** 〕

(3) シダ植物とコケ植物をわけるときの観点は何ですか。

〔 **葉，茎，根の区別があるか，ないか。** 〕

解説 **1** (1) イは被子植物と裸子植物をわける観点，ウは単子葉類と双子葉類をわける観点。

09 動物はどのように分類できるの？

本文23ページ

1 〔　〕にあてはまる語句を書きましょう。

動物の中で，背骨がある動物を〔　**脊椎**　〕動物，背骨がない

動物を〔　**無脊椎**　〕動物という。

2 次の動物の中で，脊椎動物はどれですか。○で囲みましょう。

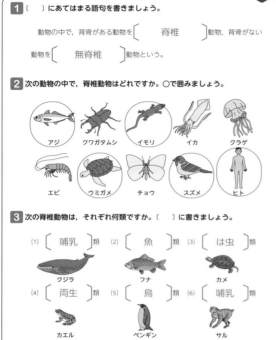

アジ　クワガタムシ　イモリ　イカ　クラゲ

エビ　ウミガメ　チョウ　スズメ　ヒト

3 次の脊椎動物は，それぞれ何類ですか。〔　〕に書きましょう。

(1)〔**哺乳**〕類　(2)〔**魚**〕類　(3)〔**は虫**〕類

クジラ　　　フナ　　　カメ

(4)〔**両生**〕類　(5)〔**鳥**〕類　(6)〔**哺乳**〕類

カエル　　　ペンギン　　サル

解説 **2** アジは魚類，イモリは両生類，ウミガメははは虫類，スズメは鳥類，ヒトは哺乳類。

---

10 脊椎動物ってどんな動物？

本文25ページ

1 次の表は，脊椎動物を5つのグループに分類したときの，それぞれの特徴をまとめたものです。〔　〕にあてはまる語句を書きましょう。

	哺乳類	魚類	は虫類	両生類	〔**鳥**〕類
生活場所	陸上	〔**水中**〕	陸上	(子) 水中 (親) 陸上	陸上
呼吸のしかた	肺	えら	〔**肺**〕	(子) えらと皮膚 (親)〔**肺**〕と皮膚	肺
移動に使う部分	あし	〔**ひれ**〕	あし	(子) ひれ (親) あし	あし (翼)
子の生まれ方	〔**胎生**〕	卵生	卵生	〔**卵生**〕	卵生
体表のようす	〔**毛**〕	うろこ	〔**うろこ**〕	しめった皮膚	羽毛

解説 体表のようすは，魚類とは虫類がうろこで共通している以外は，すべて異なる。

---

11 無脊椎動物ってどんな動物？

本文27ページ

1 〔　〕にあてはまる語句を書きましょう。

無脊椎動物の中で，外とう膜をもつ動物を⑦〔　**軟体**　〕動物といい，

からだやあしに節がある動物を①〔　**節足**　〕動物という。

①のからだは，〔　**外骨格**　〕という殻でおおわれていて，カマキリなど

の〔　**昆虫**　〕類と，カニなどの〔　**甲殻**　〕類にわけられる。

2 下のア～カの無脊椎動物は，A昆虫類，B甲殻類，Cその他の節足動物，D軟体動物のうち，どれにあてはまりますか。記号で答えましょう。

A〔　**カ**　〕　B〔**ウ，オ**〕　C〔　**ア**　〕

D〔**イ，エ**〕

ア　イ　ウ　エ　オ　カ

クモ　タコ　サワガニ　マイマイ　ミジンコ　アリ

解説 **2** クモは昆虫類ではないが，からだやあしが節にわかれているので，節足動物のなかまである。

---

12 実験器具の使い方

本文31ページ

1 メスシリンダーの目盛りを読むときの目の位置と，読みとる液面の位置として正しいものはどれですか。それぞれ記号を選びましょう。

(1) 目の位置〔　**イ**　〕　(2) 液面の位置〔　**オ**　〕

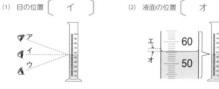

2 ガスバーナーについて，次の問題に答えましょう。

(1) 次のガスバーナーの操作を，正しい順に記号で並べましょう。

〔　**ウ → イ → ア → オ → エ**　〕

ア　マッチに火をつけ，ガス調節ねじを開いて点火する。

イ　ガスの元栓とコックを開く。

ウ　ガス調節ねじと空気調節ねじが閉まっていることを確認する。

エ　空気調節ねじだけを開いて，青い炎に調節する。

オ　ガス調節ねじを回して，炎の大きさを10cmくらいにする。

(2) ガスバーナーの炎が次のようなときに行う正しい操作を，ア～ウから選び，記号で答えましょう。

〔　**ア**　〕

©アフロ

ア　空気の量をふやす。

イ　空気の量を減らす。

ウ　ガスの量をふやす。

解説 **2**(2) 赤い炎は空気の量がたりないときなので，空気調節ねじだけを回して青い炎にする。

13 金属って何?

本文33ページ

1 〔 〕にあてはまる語句を書きましょう。

(1) 物体と物質の使い分けは,

形や角途などでものを区別するときの名称は〔 **物体** 〕,

材料でものを区別するときの名称は〔 **物質** 〕という。

(2) 物質は, 大きく金属と〔 **非金属** 〕にわけることができる。

2 ものの分類について, 次の問題に答えましょう。

(1) 次のア〜オを, 物体と物質にわけましょう。

物体〔 **ア, エ, オ** 〕 物質〔 **イ, ウ** 〕

ア レンズ イ ガラス ウ ゴム エ 消しゴム オ のり

(2) 次のア〜エを, 金属と非金属に分類しましょう。

金属〔 **イ, エ** 〕 非金属〔 **ア, ウ** 〕

ア ペットボトル イ クリップ ウ 鉛筆の芯 エ スチール缶

(3) 次のア〜エのうち, 金属に共通の性質はどれですか。〔 **ウ** 〕

ア 磁石につく。 イ たたくと音が出る。
ウ 加熱するとすぐ熱くなる。 エ 水にとけない。

(4) 次のア〜エのうち, 磁石につく金属はどれですか。〔 **エ** 〕

ア 銀 イ アルミニウム ウ 銅 エ 鉄

解説 **2**(3) 磁石につくのは鉄などのかぎられた物質だけで, 多くの金属は磁石につかない。

---

14 有機物って何?

本文35ページ

1 表は, A〜Cの粉末をいろいろな方法で調べたときの結果です。A〜Cは砂糖, デンプン, 食塩のいずれかです。A〜Cはそれぞれ何ですか。

A〔 **食塩** 〕 B〔 **砂糖** 〕 C〔 **デンプン** 〕

	色	水にとかしたとき	加熱したとき	加熱したときの石灰水の変化
A	白色	とけた。	燃えなかった。	
B	白色	とけた。	燃えてこげた。	白くにごった。
C	白色	とけ残った。	燃えてこげた。	白くにごった。

2 〔 〕にあてはまる語句を書きましょう。

炭素をふくむ物質を⑦〔 **有機物** 〕という。⑦を燃やすと, 必ず気体の〔 **二酸化炭素** 〕が発生する。⑦以外の物質を〔 **無機物** 〕という。⑦の多くは水素もふくんでいるため〔 **水** 〕も発生する。

3 次のア〜ケの物質を, 有機物と無機物に分類しましょう。

有機物〔 **イ, ウ, オ, ク** 〕

無機物〔 **ア, エ, カ, キ, ケ** 〕

ア 水 イ エタノール ウ プラスチック
エ 鉄 オ プロパン カ ガラス
キ 二酸化炭素 ク デンプン ケ アルミニウム

解説 **1** 水にとけ残るのがデンプン, 加熱しても燃えないのが食塩。

---

15 ものの密度の調べ方

本文37ページ

1 〔 〕にあてはまる語句を書きましょう。

物質1 cm³あたりの質量を⑦〔 **密度** 〕という。

⑦を求める式は,

$$⑦ [g/cm^3] = \frac{物質の〔 質量 〕[g]}{物質の〔 体積 〕[cm^3]}$$

2 次の問題に答えましょう。

(1) 次の物質の密度を求めましょう。

① 体積2 cm³, 質量22 gの物質 〔 **11 g/cm³** 〕

② 質量108 g, 一辺が3 cmの立方体の物質 〔 **4 g/cm³** 〕

(2) 次の物質の質量や体積を( )の単位で求めましょう。

① 密度8.9 g/cm³, 体積10 cm³の物質の質量 (g) 〔 **89 g** 〕

② 密度7.9 g/cm³, 質量79 gの物質の体積 (cm³) 〔 **10 cm³** 〕

3 次の〔 〕の2つの物質をビーカーに入れたとき, 浮く方の物質を〇で囲みましょう。ただし, 密度は, 水1.00 g/cm³, 氷0.92 g/cm³, 鉄7.87 g/cm³, 水銀13.5 g/cm³, エタノール0.79 g/cm³, 菜種油0.91 g/cm³とします。

(1) 〔 水・**氷** 〕 (2) 〔 **鉄**・水銀 〕

(3) 〔 **エタノール**・氷 〕 (4) 〔 菜種油・**エタノール** 〕

解説 **2**(2)① 8.9 [g/cm³] × 10 [cm³] = 89 [g] ② 79 [g] ÷7.9 [g/cm³] = 10 [cm³] **3** 密度の小さい方が浮く。

---

16 固体・液体・気体で何が変わる?

本文39ページ

1 次の問題に答えましょう。

(1) 〔 〕にあてはまる語句を書きましょう。
固体⇔液体⇔気体と物質の状態が変わることを
〔 **状態変化** 〕という。

(2) 〔 〕の中の, 正しい方を〇で囲みましょう。
物質が固体⇔液体⇔気体と変わるとき, 物質の質量は
変化〔 する・**しない** 〕。また, 物質の体積は変化〔 **する**・しない 〕。
これは, 物質をつくっている粒子の数が変化〔 する・**しない** 〕からである。

2 次の物質が, 状態変化によって図の左から右に体積が変化するとき, 加熱と冷却のどちらによって変化しますか。〔 〕に書きましょう。

(1) ろう 〔 **冷却** 〕

(2) 風船の中のエタノール 〔 **冷却** 〕

(3) 水 〔 **加熱** 〕

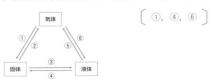

3 図の①〜⑥の矢印のうち, 冷却を表している矢印をすべて選びましょう。

〔 **①, ④, ⑥** 〕

気体 — 固体 — 液体 (①②③④⑤⑥)

解説 **2**(3) 水は例外で, 固体(氷)を加熱して液体(水)になると, 体積が小さくなる。

17 沸点は100℃, 融点は0℃!

1 次の問題に答えましょう。

(1) 〔 〕にあてはまる語句を書きましょう。

固体がとけて液体になるときの温度を〔 **融点** 〕といい, 液体が

沸騰して気体になるときの温度を〔 **沸点** 〕という。

(2) 図は, 固体の水を加熱したときの温度変化のようすです。次の問題に答えましょう。

① A, Bの温度はそれぞれ何℃ですか。

A〔 **100℃** 〕

B〔 **0℃** 〕

② A, Bの温度をそれぞれ何といいますか。

A〔 **沸点** 〕

B〔 **融点** 〕

③ 固体と液体が混ざっている状態は, 図のC〜Gのどの部分ですか。

〔 **D** 〕

解説 **1**(2)③ Cは固体, Eは液体, Gは気体のとき。その間のD, Fは2つの状態が混じっている。

---

18 混ざった液体をわけてとり出そう!

1 次の問題に答えましょう。

(1) 1種類の物質でできているものを何といいますか。

〔 **純物質(純粋な物質)** 〕

(2) いくつかの物質が混ざり合ったものを何といいますか。

〔 **混合物** 〕

(3) 液体を加熱して沸騰させ, 出てきた蒸気(気体)を集めて冷やし, 再び液体にもどして集める方法を何といいますか。

〔 **蒸留** 〕

2 水とエタノールの混合物を図1の装置で加熱し, 温度を記録したら, 図2のようになりました。次の問題に答えましょう。

(1) 急な沸騰をさけるために, フラスコの液体の中に入れなければいけないものは何ですか。

〔 **沸騰石** 〕

(2) 図2のア〜ウのときに集めた液体のうち, 最も燃えやすいものはどれですか。

〔 **ア** 〕

(3) 図2のア〜ウのときに集めた液体のうち, 水をふくむ割合が最も大きいものはどれですか。

〔 **ウ** 〕

(4) 水とエタノールの混合物を加熱して温度を上げていったとき, 先に気体になって出てくるのは水とエタノールのどちらですか。

〔 **エタノール** 〕

解説 **2**(2)(3) ア→イ→ウの順にエタノールをふくむ割合は少なくなっていく。

---

19 気体の性質の調べ方

1 気体の調べ方について, 〔 〕の中の正しい方を○で囲みましょう。

(1) 気体のにおいを調べるときは, 〔 鼻を近づけて・**手であおいで** 〕かぐ。

(2) 気体が燃えるかどうかを確かめるときは, 気体の入った試験管に, 火のついた〔 **マッチを近づける**・線香を入れる 〕。

(3) 水でぬらした赤色リトマス紙を気体の中に入れて青色に変わったとき, 気体の水溶液の性質は〔 酸性・**アルカリ性** 〕である。

2 次の図は, 気体を集める方法の決め方を表しています。あとの問題に答えましょう。

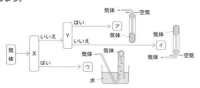

(1) X, Yにはどのような観点が入りますか。次からそれぞれ選びましょう。

X〔 **エ** 〕 Y〔 **ア** 〕

ア 密度が空気より大きいか? イ 水より重いか?
ウ 空気にとけやすいか? エ 水にとけにくいか?

(2) ア〜ウの気体の集め方の名称をそれぞれ書きましょう。

ア〔 **下方置換法** 〕 イ〔 **上方置換法** 〕

ウ〔 **水上置換法** 〕

解説 **1**(3) リトマス紙が赤色→青色は水溶液がアルカリ性, 青色→赤色は水溶液が酸性。

---

20 酸素と二酸化炭素のつくり方

1 図1と図2は, ある気体を発生させる装置と薬品を表しています。あとの問題に答えましょう。

(1) 図1と図2の装置と薬品で発生する気体A, Bは, それぞれ何ですか。

気体A〔 **二酸化炭素** 〕 気体B〔 **酸素** 〕

(2) 図1と図2の気体を集める方法をそれぞれ何といいますか。

図1〔 **下方置換法** 〕 図2〔 **水上置換法** 〕

2 気体の性質をまとめた次の表の〔 〕にあてはまる語句を書きましょう。

気体	二酸化炭素	酸素
におい	無臭	無臭
空気と比べた重さ	重い	少し重い
水へのとけやすさ	少しとける	とけにくい
特徴	石灰水が〔 白くにごる 〕。	ものを〔 燃やす 〕はたらきがある。
集め方	下方置換法と水上置換法	水上置換法

解説 **2** 酸素の特徴は, ものを燃やすはたらき。酸素には色もにおいもない。

21 水素とアンモニアのつくり方

1 次の問題に答えましょう。

(1) 塩化アンモニウムと水酸化カルシウムの混合物を加熱すると発生する気体は何ですか。 〔 アンモニア 〕

(2) うすい塩酸に亜鉛を入れると発生する気体は何ですか。 〔 水素 〕

(3) 気体の性質をまとめた次の表の〔　〕にあてはまる語句を書きましょう。

気 体	アンモニア	水素
におい	〔 刺激臭 〕	〔 無臭 〕
空気と比べた重さ	軽い	非常に軽い
水へのとけやすさ	非常にとけやすい	とけにくい
特 徴	水溶液は〔 アルカリ 〕性	火をつけると気体が音を立てて〔 燃える 〕。
集め方	〔 上方置換法 〕	水上置換法

解説 **1** (3) アンモニアは水にとけやすいので，上方置換法でしか集められない。

---

22 気体を見わけよう!

1 次の問題に答えましょう。

(1) 空気中に約78％ふくまれている気体は何ですか。 〔 窒素 〕

(2) (1)の気体の中に，火のついたろうそくを入れるとどうなりますか。 〔 火が消える。 〕

2 4種類の気体A～Dの性質を調べたら，表のようになりました。あとの問題に答えましょう。

気体	水へのとけ方	空気より重いか軽いか	におい	特徴
A	少しとける	重い	なし	水溶液は酸性を示す。
B	とけにくい	軽い	なし	火をつけると音を立てて燃える。
C	とけにくい	重い	なし	ろうそくが激しく燃える。
D	とけやすい	軽い	刺激臭	水溶液はアルカリ性を示す。

(1) 気体A～Dは何ですか。下のア～エから選び，記号で答えましょう。

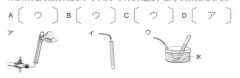

A 〔 イ 〕　B 〔 ウ 〕　C 〔 ア 〕　D 〔 エ 〕

ア 酸素　イ 二酸化炭素　ウ 水素　エ アンモニア

(2) できるだけ空気が混ざらないように気体A～Dを集めるには，下のア～ウのどの方法で集めればよいですか。それぞれ選び，記号で答えましょう。

A 〔 ウ 〕　B 〔 ウ 〕　C 〔 ウ 〕　D 〔 ア 〕

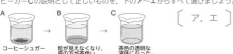

ア　　　　　イ　　　　　ウ

解説 **1** 窒素には，ものを燃やすはたらきはない。
2 (2) 空気が混ざらないのは水上置換法。

---

23 「水にとける」ってどういうこと?

1 次の問題に答えましょう。

(1) 〔　〕にあてはまる語句を書きましょう。
食塩水にふくまれる食塩のように，水にとけている物質を
⑦〔 溶質 〕といい，食塩水の水のように⑦をとかしている液体を
〔 溶媒 〕という。

(2) コーヒーシュガーを水に入れて置いておいたら，図のようになりました。ビーカーCの説明として正しいものを，下のア～エからすべて選びましょう。 〔 ア，エ 〕

A コーヒーシュガー → B 粒が見えなくなり，底の方が茶色になった。 → C 茶色の透明な液体になった。

ア　水溶液である。　　　　イ　色がついているので水溶液ではない。
ウ　下の方が濃い。　　　　エ　どの部分も濃さは同じである。

(3) 90 gの水に15 gの硫酸銅をとかしたところ，すべてとけました。この硫酸銅水溶液の質量は何gですか。 〔 105 g 〕

解説 **1** (2) 色がついていても，透明なら水溶液といえる。
(3) 90＋15＝105 〔g〕

---

24 水溶液の濃さの比べ方

1 〔　〕にあてはまる語句を書きましょう。

溶液の質量に対する溶質の質量の割合を％で表したものを
⑦〔 質量パーセント濃度 〕という。

⑦を求める式は，

$$⑦〔\%〕 = \frac{〔\ 溶質\ 〕の質量〔g〕}{溶液の質量〔g〕+〔\ 溶媒\ 〕の質量〔g〕} \times 100$$

2 次の水溶液の質量パーセント濃度を求めましょう。

(1) 水85 gに食塩15 gをとかした食塩水 〔 15％ 〕

(2) 水45 gに砂糖5 gをとかした砂糖水 〔 10％ 〕

(3) 水352 gに硫酸銅48 gをとかした硫酸銅水溶液 〔 12％ 〕

(4) 水570 gにミョウバン30 gをとかしたミョウバン水溶液 〔 5％ 〕

3 次の問題に答えましょう。

(1) 質量パーセント濃度30％の硫酸銅水溶液300 gにとけている硫酸銅は何gですか。 〔 90 g 〕

(2) 質量パーセント濃度10％の食塩水を200 gつくるには，何gの水が必要ですか。 〔 180 g 〕

解説 **3** (1) $300 \times \frac{30}{100} = 90$ 〔g〕　(2) 必要な食塩は$200 \times \frac{10}{100} = 20$ 〔g〕，水は$200 - 20 = 180$ 〔g〕

25 とける限界量＝溶解度！

本文 59 ページ

1 〔　〕にあてはまる語句を書きましょう。

物質をとけるだけとかした水溶液を

〔　**飽和水溶液**　〕という。水100gに，とけるだけとか

したときの物質の質量を〔　**溶解度**　〕という。

2 図は，5種類の物質の溶解度曲線です。次の問題に答えましょう。

(1) 60℃の水100gに，硫酸銅は約
何gまでとかすことができますか。

〔　**80 g**　〕

(2) 20℃の水200gに，ミョウバン
は約何gまでとかすことができます
か。

〔　**20 g（20～25g）**　〕

(3) 40℃の水100gに，最も多くとける物質は何ですか。

〔　**硝酸カリウム**　〕

(4) 60℃の水100gが入った5つのビーカーに，図の5種類の物質をそれぞ
れ20gずつ入れたとき，とけ残る物質はどれですか。

〔　**ホウ酸**　〕

(5) 40℃の水100gに50gのミョウバンを入れたところ，一部がとけ残りま
した。すべてとかすには，温度を最低約何℃まで上げればよいですか。

〔　**60℃**　〕

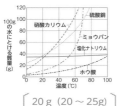

解説 **2** (5) グラフから，ミョウバン50gがとけきる温度は，
約60℃と読むことができる。

---

26 とけたものをとり出そう！

本文 61 ページ

1 次の問題に答えましょう。

(1) 純粋な物質で，物質に特有の規則正しい形をした固体を何といいますか。

〔　**結晶**　〕

(2) 物質をいったん水などの溶媒にとかしたあと，水溶液を冷やしたり，水を
蒸発させたりして，物質を再び(1)としてとり出すことを何といいますか。

〔　**再結晶**　〕

2 右のA～Cの図は，何の結晶ですか。それぞれあとの
ア～エから選びましょう。

A〔　**エ**　〕　B〔　**ウ**　〕

C〔　**イ**　〕

ア　硫酸銅　　　イ　塩化ナトリウム
ウ　硝酸カリウム　エ　ミョウバン

3 塩化ナトリウムと硝酸カリウムの飽和水溶液から，再結晶で固体をとり
出すには，それぞれ次のア～ウのどの方法を用いるとよいですか。

塩化ナトリウム〔　**ウ**　〕　硝酸カリウム〔　**ア（，ウ）**　〕

ア　水溶液の温度を下げる。
イ　水溶液にとけている物質と同じ物質をさらに加える。
ウ　水溶液の水を蒸発させる。

解説 **3** 溶解度の変化が小さい塩化ナトリウムは，温度を
下げてもほとんど結晶が出てこない。

---

27 再結晶の問題の解き方

本文 63 ページ

1 図は硝酸カリウムの溶解度曲線です。次の問題に答えましょう。

(1) 50℃の水100gに，硝酸カリウムをと
けるだけとかした飽和水溶液を30℃まで
冷やすと，何gの硝酸カリウムの結晶が出
てきますか。

〔　**40 g**　〕

(2) 40℃の水100gに，硝酸カリウムを
55g入れて混ぜ，硝酸カリウム水溶液を
つくりました。この水溶液を10℃まで冷
やすと，何gの硝酸カリウムの結晶が出て
きますか。

〔　**33 g**　〕

(3) 50℃の水50gに，硝酸カリウムを35g入れて混ぜ，硝酸カリウム水溶液
をつくりました。この水溶液を30℃まで冷やすと，何gの硝酸カリウムの結
晶が出てきますか。

〔　**12.5 g**　〕

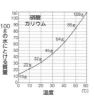

2 硝酸カリウム，ミョウバン，塩化ナトリ
ウムを，それぞれ60℃の水100gにとけ
るだけとかして飽和水溶液をつくりまし
た。それぞれの水溶液を20℃まで冷やし
たとき，最も多くの量の結晶が出てくる
のは，どの水溶液ですか。
図は，それぞれの物質の溶解度曲線を
表しています。

〔　**硝酸カリウム**　〕の水溶液

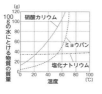

解説 **1** (3) 水50gに，とける量は溶解度の半分になる。
2 溶解度の差が大きいほど出る結晶も多い。

---

28 「見える」ってどういうこと？

本文 67 ページ

1 〔　〕にあてはまる語句を書きましょう。

(1) 太陽や蛍光灯やろうそくの炎のように，自ら光を出している物体を

⑦〔　**光源**　〕という。⑦から出た光は，まっすぐに進む。

このことを光の〔　**直進**　〕という。

(2) ものが見えるのは，光源から出た光がものに当たって

〔　**反射**　〕することで目に届くからである。

(3) 植物の葉が緑色に見えるのは，太陽の光が葉に当たったとき，

〔　**緑**　〕色の光がより多く〔　**反射**　〕して
目に届くからである。

2 次の問題に答えましょう。

(1) 次のア～オの中で，光源となっているものをすべて選びましょう。

〔　**イ，オ**　〕

ア　月　イ　太陽　ウ　鏡　エ　プリズム　オ　灯台

(2) 右の図で，光源の光にてらされた
リンゴが見えるとき，光源から出た
光が目まで進む道すじを→で結びま
しょう。

解説 **2** (2) 光源から出る光のうち，赤色の光が多く反射し
て目に届くので，リンゴが赤く見える。

29 光がはね返るとき

本文69ページ

1 (1)は正しいものを○で囲み，(2)・(3)は〔　〕にあてはまる語句を書きましょう。

(1) 光が物体に当たって反射するとき，入射角と反射角との間には，
〔　入射角<反射角　(入射角=反射角)　入射角>反射角　〕の関係がある。

(2) (1)の関係を，光の〔　**反射**　〕の法則という。

(3) 物体のでこぼこした表面で，光がさまざまな方向に反射することを
〔　**乱反射**　〕という。

2 右の図のア～カのうち，鏡に当たった光が反射する道すじはどれですか。
〔　**エ**　〕

3 次の問題に答えましょう。

(1) 右の図のa～dのうち，入射角と反射角はそれぞれどれですか。

入射角〔　**b**　〕

反射角〔　**c**　〕

(2) aの角度が30°のとき，入射角と反射角はそれぞれ何°になりますか。

入射角〔　**60°**　〕

反射角〔　**60°**　〕

解説 **3** (2) a+b=90〔°〕なので入射角bは90-30=60〔°〕，b=cなので反射角cは60〔°〕

---

30 鏡に像が映るとき

本文71ページ

1 次の問題に答えましょう。

(1) 〔　〕にあてはまる語句を書きましょう。

鏡の前に立つと，自分のすがたが映る。このような鏡に映って見えているものを〔　**像**　〕という。

(2) B点から出た光が鏡の表面で反射して，観測者のA点に届くまでの光の道すじを作図しましょう。ただし，B点の像の位置B′をかいてから，B→鏡→Aと進む光の道すじをかき入れましょう。

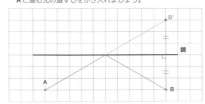

解説 **1** (2) B′は鏡に対してBと線対称で，鏡から上に3マスの位置。鏡での反射の位置は，AとBの中間点。

---

31 光が折れ曲がるとき

本文73ページ

1 〔　〕にあてはまる語句を書きましょう。

(1) 光が折れ曲がって進むことを，光の〔　**屈折**　〕という。

(2) 右の図のa～fで，

入射角は〔　**b**　〕，屈折角は〔　**f**　〕，

反射角は〔　**c**　〕である。

2 直方体のガラスに光を入射したとき，光の進み方として正しいものはア～ウのどれですか。図は，ガラスを上から見た図です。
〔　**ア**　〕

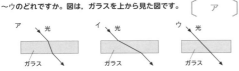

3 通信ケーブルに使われているガラスの線でできた光ファイバーは，その中を光が図のように進んでいきます。光ファイバーは，次のア～ウのうちのどの現象を利用したものですか。
〔　**ウ**　〕

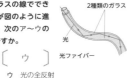

ア 光の直進　　イ 光の屈折　　ウ 光の全反射

(3) 水中から空気中へ光が進むとき，入射角がある角度以上大きくなると，境界面ですべて反射する。この現象を〔　**全反射**　〕という。

解説 **3** 光ファイバーに端から入った光は，2重のガラスの境界で全反射しながら進んでいく。

---

32 凸レンズって何?

本文75ページ

1 次の凸レンズについて，A～Dにあてはまる語句を答えましょう。

A〔　**光軸**　〕　　B〔　**凸レンズの中心**　〕

C〔　**焦点**　〕　　D〔　**焦点距離**　〕

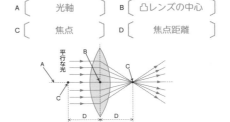

2 次の①～③の凸レンズを通る光の道すじを，下に作図しましょう。

① 物体のA点から，光軸に平行に進んで凸レンズを通過する光（——に続けてかきましょう。）

② 物体のA点から，凸レンズの中心を通って凸レンズを通過する光

③ 物体のA点から，凸レンズの左側の焦点を通って凸レンズを通過する光

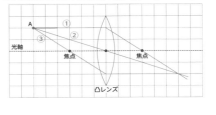

解説 **2** このときの①～③の光の道すじは，凸レンズの中心を対称の中心とした点対称の位置で交わる。

---

33 凸レンズがつくる逆さまの像

1 (1)は〔　〕にあてはまる語句を書き，(2)・(3)は正しいものを○で囲みましょう。

(1) 物体を凸レンズの焦点の外側に置いて，凸レンズの反対側にスクリーンを置くと，スクリーンに像が映る。この像を，〔 **実像** 〕という。

(2) (1)の像は，物体とは〔 上下だけ・左右だけ・（**上下左右**） 〕が逆向きである。

(3) (1)の像の大きさは，物体を焦点距離の2倍の位置に置くと，物体の大きさと比べて〔 大きく・小さく・（**同じに**） 〕なり，物体を焦点（レンズ）から遠ざけるほど〔 大きく・（**小さく**） 〕なる。

2 下の図の物体（↑）の実像を，次の手順で作図しましょう。

① 物体のA点から，光軸に平行に進んで凸レンズを通過する光の線を──の線に続けてかきましょう。
② A点から，凸レンズの中心を通る光の線をかきましょう。
③ ①，②の交点に，物体の実像をかきましょう。

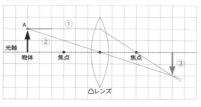

解説 **1** (3) 物体を焦点（レンズ）から離すほど実像は小さくなり，実像ができる位置はレンズに近づく。

34 凸レンズがつくる大きな像

本文79ページ

1 (1)は〔　〕にあてはまる語句を書き，(2)は正しいものを○で囲みましょう。

(1) 物体を凸レンズの焦点の内側に置いて，物体の反対側から凸レンズをのぞくと像が見える。この像を〔 **虚像** 〕という。

(2) (1)の像の向きは，物体と〔 （**同じ**）・左右が逆・上下が逆 〕で，大きさは，物体と比べて〔 小さい・（**大きい**）・同じ 〕。

2 下の図の物体（↑）の虚像を，次の手順で作図しましょう。

① 物体のA点から，光軸に平行に進んで凸レンズを通過する光の線を──の線に続けてかきましょう。
② A点から，凸レンズの中心を通る光の線をかきましょう。
③ ①，②でかいた線を，凸レンズの物体側にのばしましょう。
④ ③の線が交わったところに，虚像をかきましょう。

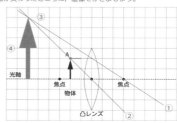

解説 **2** 凸レンズの中心から左に6マスの位置に，上下が6マス分の矢印の拡大図になる。

35 「聞こえる」ってどういうこと？

本文83ページ

1 〔　〕にあてはまる語句を書きましょう。

(1) たいこをたたいたときに音が聞こえるのは，たいこの表面が〔 **振動** 〕して，まわりの空気を〔 **振動** 〕させ，それが波のように伝わって耳の〔 **鼓膜** 〕をふるわせるからである。たいこのように音を出すものを〔 **音源** 〕という。

(2) 音の速さと音源までの距離は，次の式で求められる。

$$音の速さ〔m/s〕 = \frac{音源までの〔 距離 〕〔m〕}{かかった〔 時間 〕〔s〕}$$

音源までの距離〔m〕=〔 音の速さ 〕〔m/s〕×かかった時間〔s〕

2 花火の打ち上げ場所から850 m離れたところで見物していると，花火が見えてから2.5秒後に音が聞こえました。このとき，音の速さは何m/sですか。

〔 **340 m/s** 〕

3 Aさんが花火を見物していると，花火が見えてから1.6秒後に音が聞こえました。Aさんがいる場所から花火の打ち上げ場所までの距離はどのくらいですか。ただし，音の速さを340 m/sとします。

〔 **544 m** 〕

解説 **2** 850〔m〕÷2.5〔s〕=340〔m/s〕
3 340〔m/s〕×1.6〔s〕=544〔m〕

36 音の大きさと高さ

本文85ページ

1 (1)は〔　〕にあてはまる語句を書き，(2)・(3)は正しい方を○で囲みましょう。

(1) 音源の振動の振れ幅を⑦〔 **振幅** 〕といい，1秒間に振動する回数を①〔 **振動数** 〕という。

(2) ① 大きい音と小さい音を比べると，小さい音は(1)の⑦が〔 大きい・（**小さい**） 〕。
② 高い音と低い音を比べると，高い音は(1)の①が〔 （**多い**）・少ない 〕。

(3) 弦をはじいて音を出すとき，より高い音を出す場合には，より〔 長い・（**短い**） 〕弦を使うか，より〔 （**細い**）・太い 〕弦を使うか，より〔 （**強く**）・弱く 〕張った弦を使う。

2 図のア～エは，オシロスコープで観察した4種類の音の波形です。次の問題に答えましょう。

(1) アと同じ大きさの音はどれですか。

〔 **イ** 〕

(2) エよりも高い音はどれですか。

〔 **イ** 〕

3 ある音の波形をコンピュータで調べたところ，1回の振動の時間が0.01秒でした。この音の振動数は何Hzですか。〔 **100 Hz** 〕

解説 **3** 振動数は1秒間に振動する回数なので，1〔回〕÷0.01〔s〕=100〔Hz〕

10

37 「力」って何種類もあるの？

1 次の力は，それぞれ何という力ですか。あとの ☐☐☐ の中から選んで書きましょう。

(1) すもう取りが押されてすべっているとき，足のすべる向きと逆向きにはたらく力。〔 **摩擦力** 〕

(2) N極の針がいつも北を指すように，方位磁針にはたらく力。〔 **磁力** 〕

(3) 天井からライトがつり下げられているときの，ライトにはたらく力。〔 **重力** 〕

(4) 棒高跳びの棒が大きくしなって曲がったときに，棒がもとにもどろうとする力。〔 **弾性力** 〕

| 弾性力 | 電気力 | 重力 | 垂直抗力 | 磁力 | 摩擦力 |

2 次の___の物体にはたらいた力は，あとのA〜Cのどの力のはたらきにあてはまりますか。

(1) 飛んできた**ボール**を，ラケットで打ち返した。〔 C（, B） 〕

(2) 両手で，**ダンボール箱**を持ち上げた。〔 A 〕

(3) 魚がかかった**つりざお**が，大きく曲がった。〔 B 〕

| A 物体を支える。 B 物体の形を変える。
| C 物体の動き（速さや向き）を変える。 |

解説 **2**(1) ボールは動きの向き（や形）を変える。 (2) 箱を持って支えている。 (3) つりざおは変形している。

---

38 矢印を使った力の表し方

1 〔 〕にあてはまる語句を書きましょう。

(1) 右の図は，物体を押す指の力を表している。矢印の始まりのアの点（•）は，力がはたらく点で〔 **作用点** 〕という。

(2) 右の図のイは，力の〔 **大きさ** 〕，ウは，力の〔 **向き** 〕を表している。

(3) 1 Nは約〔 **100** 〕gの物体にはたらく〔 **重力** 〕の大きさである。

2 1 Nを1 cmとして，力を表す矢印をかきましょう。ただし，図の1マスの幅を0.5 cmとします。

(1) 1 Nの箱の重力

(2) 2 Nの力で箱を押す力

(3) 箱をひもが引く0.5 Nの力

解説 **2**(1) 重力は矢印を箱の中心から引く。 (3) 右にひもを引いているので，力の向きは右。

---

39 単位の「ニュートン」って何？

1 (1)・(2)は〔 〕にあてはまる語句を書き，(3)・(4)は正しい方を◯で囲みましょう。

(1) 力の大きさの単位Nは，〔 **ニュートン** 〕と読む。約〔 **100** 〕gの物体にはたらく重力の大きさが1 Nである。

(2) gやkgの単位で表される物体そのものの量を〔 **質量** 〕という。

(3) 重力の大きさは，〔 上皿てんびん・**ばねばかり** 〕ではかることができる。また，質量は，〔 **上皿てんびん**・ばねばかり 〕ではかることができる。

(4) 地球上では月面上の約6倍になるのが〔 質量・**重力** 〕で，地球上でも月面上でも変わらないのが〔 **質量**・重力 〕である。

2 質量100 gの物体にはたらく重力の大きさを1 N，月面上の重力の大きさを地球上の $\frac{1}{6}$ として，次の問題に答えましょう。

(1) 地球上で，質量1.7 kgの物体にはたらく重力の大きさは何Nですか。〔 **17 N** 〕

(2) 地球上で，8 Nの重力がはたらく物体の質量は何gですか。〔 **800 g** 〕

(3) 月面上で，質量540 gの物体にはたらく重力の大きさは何Nになりますか。〔 **0.9 N** 〕

解説 **2**(1) 1700〔g〕÷100〔g〕＝17 (2) 100〔g〕×8＝800〔g〕 (3) 5.4〔N〕÷6＝0.9〔N〕

---

40 力が2倍でのびも2倍!

1 〔 〕にあてはまる語句を書きましょう。

ばねを引く力の大きさとばねののびは〔 **比例** 〕する。この関係を〔 **フック** 〕の法則という。

2 ばねののびと力の大きさの関係を調べたら，右のグラフのようになりました。次の問題に答えましょう。

(1) このばねが6 cmのびたとき，ばねに加えた力は何Nですか。〔 **1.2 N** 〕

(2) このばねに50 gのおもりをつるすと，ばねののびは何cmになりますか。ただし，100 gの物体にはたらく重力の大きさを1 Nとします。〔 **2.5 cm** 〕

3 ばねののびと力の大きさの関係を調べたら，下の表のようになりました。あとの問題に答えましょう。

力の大きさ〔N〕	0.1	0.2	0.3	0.4	0.5
ばねののび〔cm〕	0.6	1.2	⑦	2.4	3.0

(1) 表の⑦にあてはまる数は何ですか。〔 **1.8** 〕

(2) このばねにおもりをつるしたところ，ばねののびが3.9 cmになりました。つるしたおもりは何gですか。ただし，100 gの物体にはたらく重力の大きさを1 Nとします。〔 **65 g** 〕

解説 **2**(2) 50 g→0.5 N **3**(2) 3.9 cmのびたときの力をx Nとすると，0.2：x＝1.2：3.9 x＝0.65 N→65 g

41 「力がつり合う」ってどういうこと？ 本文95ページ

1 〔　〕にあてはまる語句を書きましょう。

(1) 1つの物体に2つ以上の力がはたらいていても，物体が静止しているとき，物体にはたらく力は，〔 つり合って 〕いる。

(2) 2つの力がつり合う条件は，

① 2つの力の〔 大きさ 〕が等しい。

② 2つの力の〔 向き 〕が反対である。

③ 2つの力は〔 一直線上 〕にある。

2 次の図の物体には，2つの力がはたらいてつり合っています。➡の矢印とつり合っているもう1つの力をかき入れましょう。

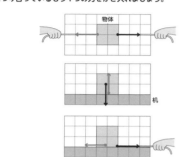

(1)

(2) 机

(3)

解説 **2**(1) ひもと物体が接する点が作用点。　(2) 下面から上向きの垂直抗力。　(3) 中心から左向きの摩擦力。

42 地層のしま模様はどうしてできるの？ 本文99ページ

1 次の(1)〜(4)に答え，(5)は正しいものを〇で囲みましょう。

(1) 地表の岩石は，気温の変化や風雨などのはたらきによって，もろくなってくずれていく。このことを何といいますか。〔 風化 〕

(2) もろくなった岩石は，水によってけずりとられる。このことを何といいますか。〔 侵食 〕

(3) けずりとられた岩石は，川の水によって運ばれる。このことを何といいますか。〔 運搬 〕

(4) 川の水によって運ばれた土砂は，海底などに積もる。このことを何といいますか。〔 堆積 〕

(5) 土砂が海底に積もるとき，粒の大きいものは〔 (速く)・遅く 〕沈み，河口〔 (に近い)・から遠い 〕ところに積もる。

2 図は，海底などに土砂が堆積するようすを表しています。次の問題に答えましょう。

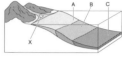

(1) 図のA〜Cは，泥・れき・砂のうち，それぞれ何を表していますか。

A〔 れき 〕　B〔 砂 〕　C〔 泥 〕

(2) 図のXは，河口付近で土砂が堆積してできたものです。Xを何といいますか。下の□□□から選びましょう。〔 三角州 〕

| 三角州 | 扇状地 | V字谷 |

解説 **2**(1) 粒の小さいものほど軽く，遠くまで運ばれる。粒の小さい方から泥→砂→れきとなる。

43 押し固められてできる岩石 本文101ページ

1 次の文の〔　〕にあてはまる語句を書きましょう。

土砂や火山灰などが，上に積もった地層の重みで押されて固まってできた，地層をつくっている岩石を〔 堆積岩 〕という。

2 下の表のように，岩石を分類しました。次の問題に答えましょう。

(1) 表のA〜D，Fにあてはまる岩石名を書きましょう。

A〔 れき岩 〕　B〔 砂岩 〕

C〔 泥岩 〕　D〔 石灰岩 〕

F〔 凝灰岩 〕

分類方法	粒の大きさで分類			堆積物の種類で分類		
堆積物	れき	砂	泥	サンゴなどの死がい	海中の小さな生物の死がい	火山灰
岩石	A	B	C	D	E（チャート）	F

(2) うすい塩酸をかけると二酸化炭素が発生するのは，D，Eのどちらですか。〔 D 〕

3 図は，A，B2種類の堆積岩をルーペで見たようすです。土砂が川に運搬されて堆積してできた岩石はA，Bのどちらですか。

 A B

〔 B 〕

解説 **2**(2) 石灰岩に塩酸をかけると二酸化炭素が発生する。　**3** Aは粒が角ばった凝灰岩。

44 化石から何がわかるの？ 本文103ページ

1 次の(1)〜(3)は〔　〕にあてはまる語句を書き，(4)・(5)は正しいものを〇で囲みましょう。

(1) 地層中に大昔の生物の死がいが残ったものを〔 化石 〕という。

(2) 地層ができた当時の環境を推測できる化石を〔 示相化石 〕という。

(3) 地層ができた時代を推測する手がかりとなる化石を〔 示準化石 〕という。

(4) サンゴの化石が見つかった地層ができた当時の環境は，〔 (あたたかく)・冷たく 〕，〔 深い・(浅い) 〕海であった。

(5) アンモナイトが見つかった地層ができた地質年代は，〔 古生代・(中生代)・新生代 〕で，ビカリアが見つかった地層ができた地質年代は，〔 古生代・中生代・(新生代) 〕である。

2 次のア〜キのうち，示準化石に必要な条件をすべて選びましょう。

〔 ア，ウ，カ 〕

ア 短い期間に繁栄し，絶滅している。

イ 長い期間繁栄している。

ウ 大量に発見される。

エ まれに発見される。

オ 決まった環境にしかすめない。

カ 広い範囲に生きていて，発見される地域が広い。

キ せまい範囲に生きていて，発見される地域がせまい。

解説 **2** 示準化石は，少ないと基準にしにくいので，大量に発見されることも必要な条件。

45 曲がった地層・ずれた地層

本文105ページ

1 次の文の〔 〕にあてはまる語句を書きましょう。

地球の表面をおおう厚さ100 kmにもなる岩盤を〔 **プレート** 〕という。地層に力がはたらいて押し曲げられたものを〔 **しゅう曲** 〕。地層に横から押す力や引っ張る力がはたらいて, 地層がずれたものを〔 **断層** 〕という。

2 図1のような地層ができたのは, どのような力がはたらいたからですか。図2のア, イから選びましょう。〔 **イ** 〕

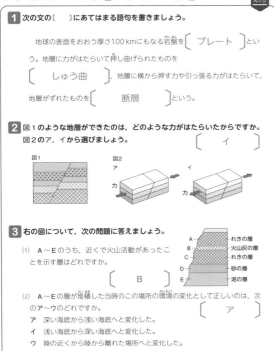

図1
図2

3 右の図について, 次の問題に答えましょう。

A れきの層
B 火山灰の層
C
D 砂の層
E 泥の層

(1) A〜Eのうち, 近くで火山活動があったことを示す層はどれですか。〔 **B** 〕

(2) A〜Eの層が堆積した当時のこの場所の環境の変化として正しいのは, 次のア〜ウのどれですか。〔 **ア** 〕
ア 深い海底から浅い海底へと変化した。
イ 浅い海底から深い海底へと変化した。
ウ 陸の近くから陸から離れた場所へと変化した。

解説 **3** (2) 地層は下から, 泥→砂→れきと堆積しているので, だんだん岸に近づいたといえる。

---

46 火山の形は何で決まるの?

本文107ページ

1 次の問題に答えましょう。

(1) 地下で高温のため, 岩石がどろどろにとけたものを何といいますか。〔 **マグマ** 〕

(2) (1)が, 地表に流れ出たものを何といいますか。〔 **溶岩** 〕

2 図は, 3種類の火山の形を示したものです。次の問題に答えましょう。

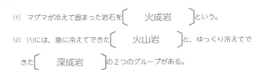

ア 盛り上がった形　イ 円すい形　ウ ゆるやかな傾斜の形

(1) マグマのねばりけが最も弱い火山はどれですか。〔 **ウ** 〕

(2) 噴火のしかたが最も激しい火山はどれですか。〔 **ア** 〕

(3) 溶岩の色が最も白っぽい火山はどれですか。〔 **ア** 〕

解説 **2** アはマグマのねばりけが強い火山, ウはねばりけが弱い火山, イは中間の火山。

---

47 火山灰のつぶつぶは何?

本文109ページ

1 (1)は〔 〕にあてはまる語句を, (2)は正しいものを〇で囲みましょう。

(1) 火山灰や溶岩にふくまれるマグマが冷えてできた結晶を〔 **鉱物** 〕という。

(2) 白っぽい火山灰の中には〔 (無色鉱物)・有色鉱物 〕が, 黒っぽい火山灰の中には〔 無色鉱物・(有色鉱物) 〕が多くふくまれる。

2 図のア〜オは, 鉱物を表しています。次の問題に答えましょう。

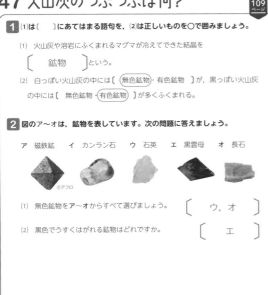

ア 磁鉄鉱　イ カンラン石　ウ 石英　エ 黒雲母　オ 長石
©アフロ

(1) 無色鉱物をア〜オからすべて選びましょう。〔 **ウ, オ** 〕

(2) 黒色でうすくはがれる鉱物はどれですか。〔 **エ** 〕

解説 **2** うすくはがれるのは黒雲母の特徴, 磁石につくのは磁鉄鉱だけの特徴。

---

48 マグマからできる岩石

本文111ページ

1 次の文の〔 〕にあてはまる語句を書きましょう。

(1) マグマが冷えて固まった岩石を〔 **火成岩** 〕という。

(2) (1)には, 急に冷えてできた〔 **火山岩** 〕と, ゆっくり冷えてできた〔 **深成岩** 〕の2つのグループがある。

2 次の表は, 火成岩を大きく2つのグループに分類したものです。①・③・⑤は〔 〕にあてはまる語句を書き, ②・④は正しいものを〇で囲みましょう。なお, ④は, 右の図のA・Bから選びましょう。

A
B

①分類	〔 **深成** 〕岩	〔 **火山** 〕岩
②でき方	〔 地表近く・(地下深く) 〕で冷えた。	〔 (地表近く)・地下深く 〕で冷えた。
③つくり	〔 **等粒状** 〕組織	〔 **斑状** 〕組織
④つくりの図	〔 (A)・B 〕	〔 A・(B) 〕
⑤岩石名	白っぽい色　〔 **花こう岩** 〕　せん緑岩　斑れい岩　黒っぽい色	白っぽい色　流紋岩　〔 **安山岩** 〕　玄武岩　黒っぽい色

解説 **2** ③・④ Aは粒が等しい「等粒状」, Bは粒がまだら(斑の読み)なので「斑状」の組織。

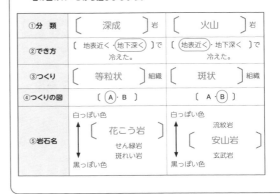

13

49 地震はどこで起こるの？

1 次の(1)・(3)は〔　〕にあてはまる語句を書き，(2)は正しいものを○で囲みましょう。

(1) 右の図で，Aの場所で地震が起こったとすると，

Aを〔　**震源**　〕といい，

Bを〔　**震央**　〕という。

観測点　ア　地表
B
ウ　イ
×A
地球の内部

(2) 観測点での震源距離は，〔　ア・イ・(ウ)　〕である。

(3) 地震そのもののエネルギーの大きさを表す値を
〔　**マグニチュード**　〕といい，記号〔　**M**　〕で表す。

2 図のP，Qは地表の観測地点，P，Qのそれぞれ真下にあるX，Yの×印は地震の震源の位置を表しています。次の問題に答えましょう。

(1) XとYの地震のマグニチュードが同じ大きさだったとすると，Xの地震のときのPの震度と，Yの地震のときのQの震度で，大きいのはP・Qのどちらですか。

〔　**P**　〕

地表
P　Q
X
地球の内部　Y

(2) Yと同じ震源で，M5.5とM6.5の2つの地震が起こったとき，P地点の震度が大きいのはどちらのMの地震ですか。〔　**M6.5**　〕

解説 **2** Mが同じなら震源距離が短いほど，震源が同じならMが大きいほどゆれは大きくなる。

---

50 地震はどう伝わっていくの？

1 次の(1)・(2)は〔　〕にあてはまる語句を書き，(3)・(4)は正しい方を○で囲みましょう。

(1) 地震のゆれのうち，はじめに起こる小さなゆれを
⑦〔　**初期微動**　〕といい，次に続いて起こる大きなゆれを
④〔　**主要動**　〕という。

(2) ⑦が始まってから④が始まるまでの時間を
⑦〔　**初期微動継続時間**　〕という。

(3) ⑦のゆれは，〔　(P波)・S波　〕が届くと起こる。

(4) ⑦の時間は，震源からの距離が遠い地点ほど，〔　短く・(長く)　〕なる。

2 右の図は，ある地震を，震源から140 kmの地点で観測した地震計の記録です。震源から280 kmの地点での初期微動継続時間は，何秒と考えられますか。

8時5分　45秒　8時6分　15秒　30秒
30秒　0秒

〔　**30秒**　〕

解説 **2** 初期微動継続時間は，震源距離に比例するので，
$$15 (s) \times \frac{280 (km)}{140 (km)} = 30 (s)$$

---

51 地震の問題の解き方

1 図は，ある地震でのA，B 2地点の地震計の記録です。P波とS波の速さは何km/sですか。また，地震が発生した時刻は何時何分何秒ですか。

震源からの距離
B地点（120 km）
A地点（72 km）
8時12分10秒　20秒　30秒　40秒　50秒　13分00秒　10秒
時刻

P波の速さ〔　6 km/s　〕（120 − 72）÷（18 − 10）= 6

S波の速さ〔　3 km/s　〕（120 − 72）÷（38 − 22）= 3

地震が発生した時刻〔　8時11分58秒　〕72 ÷ 6 = 12より
8時12分10秒の
12秒前になる。

2 下の表は，ある地震でのA，B 2地点の地震計の記録です。P波とS波の速さはそれぞれ何km/sですか。また，地震が発生した時刻は何時何分何秒ですか。

地点	震源からの距離	P波の到着時刻	S波の到着時刻
A	78 km	3時5分17秒	3時5分25秒
B	117 km	3時5分23秒	3時5分35秒

P波の速さ〔　6.5 km/s　〕（117 − 78）÷（23 − 17）= 6.5

S波の速さ〔　3.9 km/s　〕（117 − 78）÷（35 − 25）= 3.9

地震が発生した時刻〔　3時5分5秒　〕78 ÷ 6.5 = 12より
3時5分17秒の
12秒前になる。

解説 **2** AB間の距離÷P波（S波）が到着した時間差＝P波（S波）の速さ　で求める。

---

52 プレートの中で起こる地震

1 次の文の〔　〕にあてはまる語句を書きましょう。

(1) 地球の表面をおおっている岩盤を〔　**プレート**　〕という。

(2) 日本列島の地下の浅いところで，活断層がずれたりして起こる地震を
〔　**内陸型地震**　〕という。

2 右の図は，日本付近のプレートを表しています。次の問題に答えましょう。

C
A　ア
イ
B　D

(1) A〜Dの中で，海洋プレートをすべて選びましょう。〔　**B，D**　〕

(2) A，Dを，それぞれ何プレートといいますか。

A〔　**ユーラシア**　〕プレート

D〔　**太平洋**　〕プレート

(3) Dのプレートは，ア・イのどちら向きに動いていますか。

〔　**イ**　〕

解説 **2** (3) 海洋プレートのBとDは，日本列島の下に沈みこむように動いている。

53 プレートの境界で起こる地震

1 次の(1)・(2)は正しいものを○で囲み，(3)・(4)は〔　〕にあてはまる語句を書きましょう。

(1) 日本列島は，〔 （大陸プレート）・海洋プレート 〕の上にある。

(2) 日本列島のすぐ東側では，〔 大陸プレート ・（海洋プレート） 〕が〔 （大陸プレート）・海洋プレート 〕の下に沈みこんでいる。

(3) 海溝付近で，大陸プレートがひずみにたえきれなくなって，はね上がることで起きる地震を〔 海溝型地震 〕という。

(4) (3)の地震によって，海底が動き，海水が押し上げられたりして盛り上がる現象を〔 津波 〕という。

2 右の図は，日本列島付近で起こる地震の震源のようすを断面で表しています。次の問題に答えましょう。

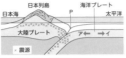

(1) Pは，東北地方の東の沖にのびている海溝です。何といいますか。

〔 日本海溝 〕

(2) 図の海洋プレートは，ア，イのどちらに動いていますか。

〔 ア 〕

(3) 沈みこむ海洋プレートに沿って発生する地震の震源は，太平洋側・日本海側のどちらにいくほど深くなっていますか。

〔 日本海側 〕

解説 **2** (3) 海洋プレートは日本列島の下にななめに沈みこんでいる。

54 大地の恵みや災害

1 次の問題に答えましょう。

(1) 火山から，高温のガスや火山灰や岩石などが高速で流れ下る現象を何といいますか。

〔 火砕流 〕

(2) 火山の噴火で起こる(1)や溶岩流などの被害予測を示した地図を何といいますか。

〔 ハザードマップ 〕

(3) 地震によるゆれで，土地が急にやわらかくなる現象を何といいますか。

〔 液状化（現象） 〕

2 右の図は，もとの海岸の地形が変化して，海岸段丘とよばれる地形ができるようすを表しています。この海岸段丘は，大地の隆起・沈降のどちらによってできたものですか。

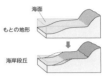

〔 隆起 〕

3 緊急地震速報について，次の問題に答えましょう。

(1) 地震が起きたとき，各地の地震計が先に感知するのは，P波とS波のどちらですか。

〔 P波 〕

(2) 緊急地震速報が危険を知らせるのは，P波，S波のどちらの波によるゆれですか。

〔 S波 〕

解説 **2** もとの地形の，波でけずられた平らな部分が陸地になったので，土地が上昇した。

1 (1) A 接眼レンズ　B 調節ねじ
　　 C 対物レンズ　D 反射鏡
　(2) 400倍
　(3) 「目に近づけて」，「花を」に○

ポイント
(2) 顕微鏡の倍率＝接眼レンズの倍率×対物レンズ
　の倍率　10×40＝400〔倍〕

2 (1) A　(2) D　(3) E
　(4) 種子　(5) ア，エ

ポイント
(1) Aはやく，Bはめしべの柱頭，Cは胚珠，Dは
子房。花粉はやくの中に入っている。
(2) 子房が成長して果実になり，胚珠はやがて種子
になる。
(3) Eは雌花，Fは雄花。雌花が受粉するとやがて
まつかさになる。
(4) aは雌花のりん片の胚珠である。
(5) マツは裸子植物，サクラは被子植物。裸子植物
には花弁，がく，子房がない。

3 ① 胚珠　② 被子植物
　③ 単子葉類　④ 2　⑤ シダ植物
　　a エ　　b イ　　c ア，オ
　　d ウ　　e カ

ポイント
c アブラナとツツジは花弁のつき方はちがうが，
どちらも被子植物の双子葉類。

4 (1) 脊椎動物　(2) A　(3) C，E
　(4) 子の生まれ方が胎生である。（からだ
　　 の表面が毛でおおわれている。）

ポイント
(3) 体表がうろこでおおわれているのは，魚類とは
虫類。
(4) 哺乳類だけがもつ大きな特徴は，子が雌の親の
体内である程度育ってから生まれる胎生であるこ
とである。

---

1 (1)① 20.5　② 42.0
　(2) ④→①→③→⑤→⑦→②→⑥

ポイント
(1) 1目盛りの$\frac{1}{10}$まで読む。

2 有機物…砂糖，デンプン，木，ろう
　金属…アルミニウム，鉄，銅

ポイント
炭素や二酸化炭素は炭素がふくまれていても無機
物としてあつかう。

3 (1) 2.7g/cm³　(2) 158g
　(3) 10cm³

ポイント
(1) 270〔g〕÷100〔cm³〕＝2.7〔g/cm³〕
(2) 7.9〔g/cm³〕×20〔cm³〕＝158〔g〕
(3) 23〔g〕÷2.3〔g/cm³〕＝10〔cm³〕

4 (1)ア ①　イ ④　ウ ②　エ ⑤
　(2) 100℃　(3) 融点

ポイント
(3) Aは，水が気体に状態変化するときの沸点。

5 (1) 沸騰石　(2) A
　(3) エタノールが多くふくまれているか
　　 ら。　(4) 蒸留　(5) エ

ポイント
(2) エタノールの沸点は78℃，水の沸点は100℃。
78℃付近でエタノールが先に沸騰を始める。
(3) エタノールの沸点付近で集まった液体は，エタ
ノールが濃いので，火がつく。100℃付近で集まっ
た液体は，エタノールがすでに出ていってしまっ
たあとなので，ほとんどが水のため，火がつかな
い。
(5) 加熱する実験では，気体が出るガラス管の先が
水などにつかっていると，火を消したとき，液体
が逆流して試験管が割れることがある。

1

(1) C　　(2) イ, エ　　(3) 水上置換法(すいじょうちかんほう)

ポイント

(1) 水にとけにくければ, 密度(みつど)に関係なく, 水上置換法が適している。

2

(1) A 水素　B アンモニア
(2) ① ウ　② オ　③ ア

ポイント

(1) B 塩化アンモニウムから推測する。
(2) ① うすい過酸化水素水＝オキシドール

3

(1) 30g　　(2) 13%　　(3) 6.0g
(4) 5.5g　　(5) 再結晶(さいけっしょう)

ポイント

(1) $15\,[g] \times \dfrac{200}{100} = 30\,[g]$

(2) $\dfrac{30\,[g]}{(30+200)\,[g]} \times 100 = 13.0\cdots\,[\%]$

(3) $15\,[g] - 9.0\,[g] = 6.0\,[g]$

(4) (3)の水溶液中には9.0gのホウ酸がとけている。
$9.0\,[g] - 3.5\,[g] = 5.5\,[g]$

4

(1) 飽和水溶液(ほうわすいようえき)　　(2) 硝酸カリウム(しょうさん)
(3) 硝酸カリウム
(4) (塩化ナトリウムは)温度による溶解(ようかい)度(ど)の変化が小さいから。

ポイント

(2) グラフから, 50℃のときにとける質量(しつりょう)が多い順に, 硝酸カリウム→硫酸銅(りゅうさんどう)→塩化ナトリウム→ミョウバン→ホウ酸。

(3) グラフの50℃のときの溶解度と20℃のときの溶解度の差が大きいほど, 多くの結晶が得られる。

(4) 温度を下げたときの溶解度の差の分が結晶になるので, 溶解度があまり変化しない物質は温度を下げても結晶はあまり得られない。塩化ナトリウム水溶液から結晶をとり出すには水を蒸発(じょうはつ)させる。

1

(1) ウ　　(2) b　　(3) f　　(4) b
(5) ア　　(6) f

ポイント

(1) アは入射光(にゅうしゃこう), イは屈折(くっせつ)した光(屈折光(くっせつこう))。

2

(1) 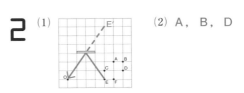　　(2) A, B, D

ポイント

(1) 入射角(にゅうしゃかく)と反射角(はんしゃかく)が等しくなる位置で反射する。

(2) O点から出て鏡の右端で反射する光の線をかいてみると, A点とC点の間を通るため, その線の右側からの光はO点に届かないことがわかる。

3

(1) イ　　(2) 実像(じつぞう)　　(3) 10cm
(4) 像の大きさは小さくなり, 距離(きょり)は短くなる。
(5) 10cm

ポイント

(1) 実像は, 物体と上下左右反対向きにできる。

(3) 物体と同じ大きさの実像ができるのは, 焦点距(しょうてんきょ)離(り)の2倍の位置。

(5) 焦点の位置で実像はできなくなる。

4

(1)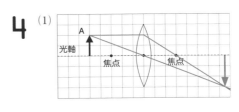

(2)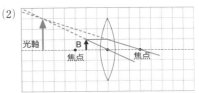

(3) 虚像(きょぞう)

ポイント

(1)・(2) 矢印の位置と方向が正しければ正解。

1 (1) C　(2) B→C→A　(3) 200Hz

ポイント

(1)(2)　音の大きさは振幅を，高さは振動数を見る。

(3)　1〔回〕÷0.005〔s〕＝200〔Hz〕

2 (1) 714m　(2) 3.5秒　(3) 音源

(4) 音の伝わる速さが光の速さよりずっと
遅いから。

ポイント

(1)　340〔m/s〕×2.1〔s〕＝714〔m〕

(2)　1200〔m〕÷340〔m/s〕＝3.52…〔s〕

3 (1)①

②

(2)① 7.5N　② 1.3kg

ポイント

(1)①　1.5cm分の長さの矢印を，指と物体の接点か
ら右に引く。

②　重力の作用点は物体の中心に置く。

(2)①　750÷100＝7.5〔N〕

②　100〔g〕×13＝1300〔g〕

4 (1) 7cm　(2) 12cm

ポイント

(1)　グラフより，5Nで5cmのびるから，ばねのの
びを$x$cmとすると，5：7＝5：x　x＝7〔cm〕

(2)　質量200gの物体にはたらく重力の大きさは
2Nなので，ばねののびは2cm。もとのばね全体
の長さが10cmあるので，10＋2＝12〔cm〕

5 (1) イ　(2)① 垂直抗力　② 摩擦力

ポイント

(1)　2力がつり合う3条件，①大きさが等しい，②
向きは反対，③同一直線上にある　を満たすもの。

---

1 (1) れき　(2) 火山の噴火（火山活動）

(3) 深い海底から浅い海底になっていっ
た。（沖合から河口近くになっていっ
た。）

(4)

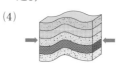

ポイント

(1)　粒の大きいものから先に沈むので，粒の大きい
れきは河口近くに堆積する。

(3)　下から泥→砂→れきと，粒がだんだん大きく
なっている。地層は下の方が古い。

(4)　しゅう曲は左右から押されてできる。

2 (1) 堆積岩　(2) ウ

(3) 生物の名称…アンモナイト
時代…中生代

(4) イ，エ

ポイント

(2)　堆積岩は，川によって運搬されるうちに角がけ
ずられて丸みを帯びていく。

(4)　イによって，環境が推測できる。ア，ウは示準
化石の条件。

3 (1) マグマ　(2) C→B→A　(3) C

(4) 黒っぽい。　(5) ア

ポイント

(2)　マグマのねばりけが強いと盛り上がり，弱いと
平べったくなる。Bはねばりけが中間のマグマ。

(4)　ねばりけの弱いAの火山噴出物は黒っぽく，ね
ばりけの強いCの火山噴出物は白っぽくなる。

(5)　Aはマウナロア，Cは昭和新山や雲仙普賢岳。

4 (1)A 斑状組織　B 等粒状組織

(2)P 斑晶　Q 石基　(3)A ウ　B イ

(4)A エ　B ア

ポイント

(4)　凝灰岩と石灰岩は堆積岩である。

1

(1) 震央　(2)X 初期微動　Y 主要動
(3) 初期微動継続時間　(4) A

ポイント

(4) 初期微動継続時間は，震源からの距離に比例して長くなるので，**X**の時間が長い**B**の方が震源から離れている。

2

(1) S波
(2) P波…8 km/s　S波…4 km/s
(3) ウ　(4) 31秒

ポイント

(2) 速さ＝距離÷時間

P波：(184−80)〔km〕÷（48秒−35秒）＝8〔km/s〕

S波：(184−80)〔km〕÷（33分11秒−32分45秒）＝4〔km/s〕

(3) A地点にP波が到着するまでにかかる時間は，80〔km〕÷8〔km/s〕＝10〔s〕　よって，A地点にP波が到着する10秒前に地震が発生した。（S波の速さから求めてもよい。）

(4) 緊急地震速報が出されたのは，

9時32分35秒＋5秒＝9時32分40秒　よって，

9時33分11秒−9時32分40秒＝31秒

3

(1) C，D　(2) P　(3)B ウ　D エ
(4) 海溝型地震　(5) 津波
(6) 海洋プレートが大陸プレートの下に沈みこんでいる。

ポイント

(1)A，Bが陸がのっている大陸プレート，C，Dが海洋がのっている海洋プレート。

(2)・(6)C，Dの海洋プレートは，日本列島に向かって進み，日本列島がのる大陸プレートの下に沈みこんでいる。

(4) 日本列島の真下の浅い地震は内陸型地震。

4

(1) 火砕流　(2) 液状化（現象）
(3) ハザードマップ